귀신도 모를 해병대 이야기

귀신도 모를 해병대 이야기

·

박종상

정신이 살아 있는 출판

청미디어 CHEONG MEDIA

머 리 말

　대한민국에는 자랑스러운 해병대가 있다. 대한민국 해병대는 1949년 4월 15일에 경남 창원시 진해의 덕산비행장에서 창설식을 거행하면서 시작되었다. 그리고 그해 5월 5일에 대통령령으로 추인되었다. 그 후 6·25전쟁을 통해 많은 전투에서 승리를 하며 해병대의 존재감을 부각시켰다. 진동리전투에서는 김성은부대 전 장병이 1계급 특진을 하는 영예를 얻었으며, 통영상륙작전과 도솔산전투를 통해서는 '귀신 잡는 해병'과 '무적해병'이라는 찬사를 듣기도 하였다. 베트남전쟁을 통해서는 외신을 통해 '신화를 남긴 해병'이라는 찬사를 듣기도 하였다. 또한 6·25전쟁 기간 중에 국군 최초의 여군을 탄생시키기도 하였으며, 국군 최초의 전차부대를 창설하기도 하였다.

　이처럼 자랑스러운 대한민국 해병대에 대해서 해병대에 복무하는 현역들을 비롯하여 해병대 출신 예비역들은 얼마나 알고 있을까? 더구나 해병대 출신이 아닌 일반인들은 해병대에 대해서 얼마나 알고 있을까?

　어느 날 가까운 친구 한 명이 해병대에 대한 궁금증을 이야기했다. 해병대는 왜 팔각모를 쓸까? '귀신 잡는 해병', '무적해병'은 어떻게 유래된 거냐? 인천상륙작전에는 해병대만 참가했냐? 등등의 여러 가지 질문과 함께 궁금증을 자아내는 여러 가지 이야기를 나누면서 과연 우리는 해병대에 대해서 얼마나 알고 있는가 하는 생각을 하게 되었다. 사실 해병대에 복무하는 현역이나 해병대를 전역한 예비역들이나 모두 막연하게 알고 있는 정도 외에는 알지 못하고 있었기 때문이다.

진동리에서 전 장병이 1계급 특진한 것이 전군 최초이니 당연히 국군 최초로 1계급 특진한 것이 아닌가 하는 것부터, '무적해병'은 이승만 대통령이 도솔산전투 전적지를 순시하면서 대통령 휘호를 하사하며 유래가 되었다거나, '귀신 잡는 해병'은 외신기자가 그렇게 보도했기 때문이고, '신화를 남긴 해병'도 외신기자가 그렇게 보도했다는 정도이다.

너무나도 막연하다. 구체적인 근거에 대해서는 알지 못한다는 것이다. 그러나 해병대에서 발간한 자료들만으로는 궁금증을 해소하기에 많은 부족함이 있다. 자세한 설명이 나오지 않기 때문이다. 아마도 이러한 궁금증을 가진 것은 그 친구와 나만이 아닐 것이라 생각한다. 이러한 궁금증을 해소하기 위하여 여러 자료를 확인해 본 결과 의외의 사실들을 알 수 있게 되었다.

그동안 해병대에 복무하는 현역이나 해병대를 전역한 예비역이나 해병대에 관심 있는 일반 국민들도 해병대의 창설에서부터 해병대의 상징이나 전통들에 대해 여러 가지가 궁금했을 것이다. 그러나 이러한 궁금증을 해소하기 위해 확인할 수 있는 자료들은 매우 제한적이다.

이 책을 통해 그러한 궁금증이 일부나마 해소되기를 바란다.

끝으로 아이디어와 사진자료에 도움을 준 계용호, 진승원, 이동찬 동기생과 덕산대 표지석 관련하여 도움을 준 정차성 선배에게 고마움을 전한다. 또한 흔쾌히 출판을 허락해준 도서출판 청미디어 대표 신동설 님에게도 감사의 마음을 전한다.

삼각지의 연구실에서 **박종상**

제 1 장 true 사실은?

1. 해병대 창설 인원은 380명이 아니다.

2. 국군 최초의 전 장병 1계급 특진은 진동리전투가 아니다.

3. 중앙청에 태극기를 게양한 것은 9월 27일이다.

4. 김일성·모택동고지는 해병대가 명명했다.

5. 서쪽하늘 십자성은 남쪽하늘에 있다.

6. 해병대를 지원하지 않은 해병도 있다.

7. 해병대에도 4성 장군이 있었다.

1. 해병대 창설 인원은 380명이 아니다.

해병대는 몇 명으로 창설되었을까? 대부분의 자료에는 창설 당시의 인원을 장교 26명, 부사관 54명, 병 300명을 포함하여 380명으로 기록하고 있다. 그러나 해병대에서 발간한 자료에도 이 숫자는 조금씩 차이가 있다. 심지어 해병대기념관에 설치된 창설자 명단을 분석해보면 상당히 많은 차이가 있다는 것을 알 수 있다.

그렇다면 과연 해병대 창설 인원이 380명이 아니라는 것인가?

해병대는 1949년 4월 15일 경남 창원시 진해에 위치한 덕산비행장에서 창설식을 거행하였다. 최초에는 4월 5일 창설식을 실시할 예정이었으나 국방부의 사정으로 4월 15일에 창설식을 거행하게 된 것이다.

신현준 초대 해병대사령관의 회고록인 『노해병의 회고록』(1989년)에서 그는 "1949년 3월 말까지 장교와 하사관 약 80명이 확보되었고"라고 회고하고 있으며, 김성은 前 국방부장관의 회고록 『나의 잔이 넘치나이다』(2008년)에도 "사병 300명, 기간요원 80명이었고"라고 회고하고 있다.

물론 나중에 창설자 명단에 포함되어 있는 하사관들 중 다수의 인원이 해병대 사관후보생 교육을 받고 장교로 임관하고 있다. 제1기에 9명, 제2기에 3명, 제3기에 9명을 비롯하여 제9기까지 30명이 장교로 임관을 한다. 하지만 그렇다고 해서 이들이 창설자 명단에 장교로 기록되어 있지는 않다.

결과적으로 해병대 창설 인원은 80명이 맞기는 한데, 장교 26명, 부사관 54명은 아니라는 것이다. 따라서 회고록에서처럼 "장교와 하사관 약 80명" 또는 "기간요원 80명"이 적절한 표현인 것 같다.

왜냐하면 1994년 4월 15일 서울의 해병대기념관에 설치된 '해병대 창설자 명단'에는 장교 26명과 부사관 54명이 아니기 때문이다. 이 동판에 새겨진 80명의 명단을 분석해 보면 장교 14명, 부사관 26명(이등병조 11명, 일등병조 9명, 병조장 6명), 병 40명(삼등병조 36명, 일등수병 4명)으로 기록되어 있기 때문이다.

창군기 계급과 현재의 계급 비교

구분	병				부사관		
창설 당시	견습수병	이등수병	일등수병	삼등병조	이등병조	일등병조	병조장
현재	이병	일병	상병	병장	하사	중사	상사·원사

그렇다면 신현준 초대 해병대사령관은 그의 회고록인 『노해병의 회고록』(1989년)에서 "80여 명의 간부"라고 했고, 해병대 기념관의 "해병대 창설자 명단"에도 80명으로 기록되어 있는데 380명의 인원은 무엇을 말하는 것일

까? 그것은 해병 제1기가 포함되지 않았기 때문이다. 그렇다면 해병 제1기는 해병대 창설 인원이 아닌가?

해병대는 1949년 4월 5일에 창설식을 거행할 예정이었기 때문에 해병 제1기는 그 이전인 3월 31일까지 모집이 완료되었다. 그러나 창설식이 국방부의 사정에 따라 4월 5일에서 4월 15일로 조정됨에 따라 4월 1일부터 15일까지 추가 인원이 해병대에 전입하게 되었다. 그러나 이 인원은 포함되어 있지 않다.

해병 제1기 300명에 대한 기록도 다소간의 차이가 있다. 해병대사령부에서 1953년에 발간한 『해병전투사-제1부』에는 "해군 13기 중에서 신병 303명을 인수받아 제1기생으로 훈련시켰고"라고 기록되어 있다. 1961년에 발간한 『해병발전사-해병12년사』에도 "해군 13기 중에서 신병 303명을 인수하여 제1기생으로 훈련시켰고"라고 기록되어 있다. 1962년에 발간한 『해병전투사-제1집』(증보판)에도 "해군 신병 13기 중에서 303명을 인수하여 해병 제1기생(1949년 4월 15일~7월 30일)으로 훈련시켰고"라고 기록되어 있다. 이처럼 해병대에서 발간된 1950~60년대 자료들은 모두 303명으로 기록하고 있다.

그러나 국방부에서 발간한 『국방부사』 제1집(1954년)에는 "해군에서 편입된 장병 80명과 신병 300명으로 본부 및 2개 소총중대를 편성하고"라고 기록되어 있다. 『한국전쟁사』 제1권(1967년)에는 "안창관 소위 등 그 밖의 선발요원들은 간단한 필기시험과 신체검사를 하여 500명 중에서 성적순으로 300명을 합격시켜 3월 28일에 덕산비행장으로 이동시켰다."라고 기록되어 있다. 또한 『국방사』(1984년)에서는 "해군으로부터 편입된 장교 및 하사관 80명, 사병(신병) 3백 명으로 2개 소총중대와 본부요원 15명, 재정대(경리대) 15명, 근무중대 70명, 헌병대 10명으로 편성하여"라고 기록되어 있다.

신현준 초대 해병대사령관의 회고록인 『노해병의 회고록』(1989년)에는 "4월 초에는 해군 신병 제13기 중에서 300명을 선발하여"라고 기록하고 있다. 그리고 김성은 전 국방부장관의 회고록인 『나의 잔이 넘치나이다』(2008년)에는 "사병 300명, 기간요원 80명이었고"라고 기록되어 있다.

공정식 제6대 해병대사령관의 회고록인 『바다의 사나이 영원한 해병』(2009년)에는 "일본해군육전대 근무 경험자인 안창관 소위 등 31명이 해병대 창설요원으로 발령이 났다."라고 하며 "체격이 좋고 용감하게 생긴 300명을 뽑아 해병 신병 제1기로 삼았다."라고 기록하고 있다.

비교적 최근에 해병대사령부에서 발간한 『해병대 60년 약사』(2009년)에서는 "1949년 2월 1일 당시 해군 통제부 참모장 신현준 중령이 해병대사령관에 임명되고, 통제부 교육부장이던 김성은 중령이 해병대 참모장에 각각 임명되어 창설 준비에 분망한 결과 드디어 동년 4월 15일 진해 덕산비행장에서 병력 380명(해군으로부터 편입한 장교 및 부사관 80명과 해군 신병 제13기 중에서 선발한 해병 제1기 300명)으로 해병대 창설식을 거행하였다."라고 기록하고 있다.

해군 역사기록관리단에 해병 제1기의 군번을 확인한 결과 9100000~9100299까지 300명임을 알 수 있었다. 그런데 왜 1950~60년대의 해병대사령부에서 발간한 책자들에는 303명으로 기록되어 있을까? 혹시 3명의 인원이 추가된 인원이 아닐까 하는 의문이 남는다.

해병대 창설 당시의 간부진에 대해서도 기록들이 상이함을 발견할 수 있다. 해병대기념관의 "해병대 창설자 명단" 동판에는 "인사부관 소위 민용식, 작전참모 소령 김동하, 보급관 소위 홍정표, 통신관 소위 이판개, 법무관 소령 강대형, 의무관 대위 이호선, 헌병대장 소위 정광호, 근무대장 소위 고상하, 1중대장 대위 고길훈, 2중대장 대위 김재주" 등이 기록되어 있다. 1962년에 발간된 『해병전투사-제1집』(증보판)과 1963년에 발간된 『해병사-제2집』에는 "인사 소령 강대형, 정보 소령 민용식, 작전 소령 김동하, 병기 소위 김용국(후에 소위 김낙천), 통신 중위 백영문, 법무 소령 강대형, 의무 대위 이호선, 헌병 소위 정광호"로 기록되어 있다.

이들보다 먼저인 1953년에 발간된 『해병전투사-제1부』와 1961년에 발간된 『해병발전사(해병 12년사)』에는 이와 관련된 기록이 없다.

한편, 신현준 초대 해병대사령관의 회고록인 『노해병의 회고록』(1989년)에는 "작전참모 김동하 소령, 군수참모 이병희 대위, 정보참모 김용국 대위, 헌병대장 정광호 중위" 등으로 회고하고 있다. 그러나 김성은 전 국방부장관의 회고록 『나의 잔이 넘치나이다』(2008년)에는 "인사참모 강대형 대위(법무관 출신), 정보참모 고길훈 대위(군사영어학교 출신), 작전참모 김동하 소령, 경리참모 이병희, 통신참모 최덕조, 헌병대장 정광호" 등으로 회고하고 있다.

모두가 다른 기록들이다.

작성된 시기 순으로 보면『해병전투사－제1집』(증보판)(1962년),『해병사－제2집』(1963년), 신현준 초대 해병대사령관의 회고록인『노해병의 회고록』(1989년)이 해병대기념관의 "해병대 창설자 명단" 동판(1994년 4월 15일) 설치시기보다 앞선다. 그렇다고 이 동판의 명단이 잘못되었다고 볼 수도 없다. 하지만 각각의 기록들은 모두 다르다.

해군의 전신인 해방병단은 70명으로 창설되었다. 그런데 해병대는 380명으로 창설되었다고 한다. 그러나 해병대기념관에는 80명의 이름만 남아 있다. 그렇다면 어디인가 오류가 있다는 것이다. 누군가 3월 말까지 확보된 80명을 근거로 잘못 발표한 것이 오류의 단초가 되지 않았을까 하는 생각을 할 수 있다. 이 오류에 대해 2000년에 정채호 씨가 쓴『해병대의 전통과 비화』에서는 해병대 창설 당시 참모장이었던 김성은 중령이 그러한 오류를 범한 장본인이었다는 견해를 피력하였다고 한다.

해병대기념관의 "해병대 창설자 명단" 동판은 우리에게 소중한 기록이다. 또한 1950, 1960년대에 발간된 책자들도 소중한 자료들이다. 그런데 해병대의 창설 초기 역사에 관련된 이러한 기록들을 비교해 보면 각각의 자료마다 많은 차이를 느낄 수 있다. 해병대 창설 인원 현황이 모두 다르게 기록되어 있고, 해병대 창설 당시 간부들의 현황도 다르게 기록되어 있다.

해병대사령부에서 2011년에 발간한『해병대 편제사(Ⅰ권)』에는 1949년 4월 15일에 진해 덕산비행장에서 장교 26명, 하사관 54명, 그리고 신병 300명으로 창설되었다고 기록되어 있다. 적어도 해병대기념관에 설치된 "해병대 창설자 명단"이 정확하다고 가정한다면 이제라도 기준을 명확히 설정하여 발간되는 책자에 정확한 자료를 제공해야 할 것이다.

　대한민국에 해병대가 있다는 것은 대한민국의 자랑이다. 따라서 자랑스러운 대한민국의 자랑스러운 해병대의 초기 역사에 대한 정확한 고증이 필요하리라 생각한다. 맞지 않는 부분이 있다면 지금이라도 수정하여 우리의 후배들에게 정확한 역사를 가르칠 필요가 있을 것이다.

해병대기념관의 "해병대 창설자 명단" 동판. 제작일자가 1994년 4월 15일로 명시되어 있다.

해병대 창설자 명단

직위	명단계급	성명	직위	계급	성명	직위	계급	성명
사령관	중령	신현준	참모장	중령	김성은	인사부관	소위	민용식
인사	2조	김재남	인사	3조	박대문	인사	일수	이석봉
작전참모	소령	김동하	작전	병조장	이동성	작전	일조	박정모
작전	3조	이서근	보급관	소위	홍정표	보급	일조	신양수
보급	2조	홍종문	보급	3조	현합종	보급	3조	최종진
재무	3조	서병수	식사관	병조장	강용	주계	이조	송성두
주계	일수	추동헌	통신관	소위	이판개	통신	병조장	황준옥
통신	일수	장봉섭	법무관	소령	강대형	법무	3조	이영호
의무관	대위	이호선	의무	2조	김태준	의무	2조	서상국
수송대	병조장	신태영	수송대	일수	김상현	군악대	병조장	이병걸
헌병대장	소위	정광호	헌병	2조	두홍석	헌병	3조	윤철기
헌병	3조	우태영	근무대장	소위	고상하	근무대	2조	육성환
근무대	2조	이도조	근무대	3조	강만기	근무대	3조	강동구
근무대	3조	고필주	근무대	3조	박경열	근무대	3조	신동
근무대	3조	이동호	근무대	3조	조금조	근무대	3조	김용환
근무대	3조	김학열	1중대장	대위	고길훈	선임장교	소위	정중철
1소대장	일조	이기덕	분대장	3조	이원형	분대장	3조	이우섭
2소대장	1조	진두태	분대장	3조	김동윤	분대장	3조	김성환
분대장	3조	이기복	3소대장	1조	조광호	분대장	2조	이경석
분대장	3조	김창원	4소대장	일조	박동열	분대장	2조	유동춘
분대장	3조	김연상	분대장	3조	김재혁	2중대장	대위	김재주
선임장교	소위	안창관	본부부	3조	김억태	1소대장	병조장	박희태
분대장	3조	박병호	분대장	3조	최상협	2소대장	일조	강복구
분대장	2조	김성은	분대장	3조	최일대	분대장	3조	김대열
3소대장	1조	이상규	분대장	3조	염태복	분대장	3조	이명남
분대장	3조	명재천	4소대장	일조	김성대	분대장	3조	박영복
분대장	3조	이일웅	분대장	3조	최창선			

2. 국군 최초의 전 장병 1계급 특진은
진동리전투가 아니다.

해병대 '김성은 부대'는 6·25전쟁 때 진동리전투를 통해 전 장병 1계급 특진의 영예를 안았다. 진동리는 경상남도 창원시 마산합포구 진동면의 마을로 마산 진입의 서측 관문이며 부산과 진주로 향하는 도로망이 발달된 지역이다. 진동리-마산을 잇는 도로 북쪽 340고지는 보급로 통제 및 마산을 감제할 수 있는 중요한 고지이다.

해병대 '김성은 부대'는 1950년 8월 6일부터 12일까지 부산의 서쪽에 위치한 마산의 서측방에서 육군 제19연대와 미 육군 제27연대의 중간지점에서 연합하여 진동리 서측에서 북한군 제6사단 일부 병력을 저지시켰다.

해병대 '김성은 부대'는 진동리전투를 통해 마산-진동리를 잇는 교통로를 장악함으로써 부산을 점령하려는 북한군의 기도를 좌절시켜 낙동강 방어선을 견고하게 하는 시간적 여유를 가질 수 있었다. 이 전투의 종합 전과는 사살 109명, 포로 6명, 전차 2대, 트럭 4대, 지프차 2대, 기관총 8정, 장총 19

정, 따발총 28정이며, 해병대의 손실은 부상자 6명뿐이었다.

당시 진해 통제부사령장관은 진동리전투에 대한 상황 보고를 받고 손원일 해군총참모장에게 즉시 그 내용을 보고하였다. 보고를 받은 손원일 총참모장이 신성모 국방부장관에게 건의함으로써 8월 5일부로 전 장병 1계급 특진의 영예를 안은 것이다.

그럼 해병대 '김성은 부대'의 1계급 특진은 전군 최초의 특진인가? 전군 최초라는 것은 어떤 의미인가? 진동리전투를 통해 해병대 '김성은 부대'가 전 장병 1계급 특진을 하기에 앞서 이미 육군에서 2번의 전 장병 1계급 특진 사례가 있었다.

첫 번째는, 1950년 7월 6일부터 7일까지의 동락리전투에서 육군 제6사단 제7연대가 전 장병 1계급 특진의 영광을 안았다. 동락리는 충북 음성의 북부지역에 위치한 마을로 충주에서 경기도로 향하는 길에 위치해 있다. 바로 옆에 모도원이 있으며, 남쪽으로 가엽산이 있고, 충청북도에서 경기도로 향하는 길목에 있는 요충지이다. 북한군은 제15사단 예하의 제45연대와 제48연대가 사단의 주력으로 음성을 공격하고, 제50연대는 1개 포병대대를 지원받아 제12사단의 충주 점령을 지원하였다. 동락리지역으로 공격하는 부대는 바로 제2제대인 제48연대였다. 이때 육군 제6사단 제7연대 제3대대가 충북 음성군 동락리 일대에서 북한군 제15사단 제48연대를 기습하여 큰 피해를 주었다. 동락리전투에서 국군 제6사단 제7연대는 북한군을 기습 공격하여 치명적인 타격을 입혀 군수참모를 포함한 132명을 포획하고 각종 포

54문, 차량 75대 등 많은 장비를 노획하였다. 이후 제3대대는 연대장의 명령에 따라 모도원으로 이동하여 그들의 역습에 대비하면서 노획품 후송 작전을 엄호하였다. 이 전공으로 국군 제6사단 제7연대는 대통령 부대 표창과 전 장병 1계급 특진의 영예를 안았으며, 이것은 6·25전쟁 발발 이후 처음 있는 일로서 열세한 병력과 장비로도 적을 섬멸할 수 있다는 신념을 심어주는 중요한 계기가 되었다.

두 번째는 7월 17일부터 25일까지 전개된 화령장전투에서 육군 제17연대가 전 장병 1계급 특진의 영예를 안았다. 화령장은 현 행정구역상으로 경상북도 상주시 화서면 신봉리의 마을 이름이며, 충북 보은과 괴산에서 경북 상주로 연결하는 교통의 중심지이다. 이곳은 주변에 속리산, 구병산, 871고지, 봉황산, 형제봉 등 500m~1,000m 안팎의 험준한 산들이 산재해 있다. 또한 보은-화령장-상주를 잇는 25번 도로와 괴산-갈령-화령장-상주를 잇는 977번 도로가 교차하고 있어 소백산맥 방어에 중요한 전략적 요충지이다.

이 전투에서 북한군 제15사단은 2개 연대가 괴멸되는 참패를 당하였으며, 병력과 장비의 대부분을 상실하였다. 이와 더불어 소백산맥의 험준한 지형을 뚫고 상주를 점령한 후 대구로 진출하려는 북한군 전선사령부의 계획도 좌절되었다. 이 전투의 승리로 육군 제17연대는 전 장병이 1계급씩 특진하는 영예를 안았다. 이후 국군 제17연대는 육군본부 직할부대로 편제되어 중동부지역 작전에 투입되었다.

이처럼 해병대 '김성은 부대'가 진동리전투의 승리로 전 장병이 1계급 특진을 한 것은 6·25전쟁 기간 중에 육군 제6사단 제7연대의 동락리전투와 육군 제17연대의 화령장전투에 이은 세 번째의 전 장병 1계급 특진이었다.

그런데 왜 해군 및 해병대 장병들에게는 전군(全軍) 최초의 1계급 특진이라고 알려져 있을까?

여기에서 전군(全軍)이라는 것은 해군과 해병대 전체를 의미하는 것이다. 잘못된 표현이 아니다. 육군도 지상작전사령부와 제2작전사령부 등을 포함하여 전군(全軍)이라는 표현을 사용한다. 육군 전체를 전군(全軍)이라고 표현하고 있는 것이다. 단지 이에 대한 이해가 필요할 뿐이다.

그렇다고 해서 해병대 '김성은 부대'가 진동리전투를 통해 전 장병이 1계급 특진한 것이 국군 최초가 아닌 세 번째라고 해서 6·25전쟁 기간 중 낙동강 방어선을 견고하게 할 수 있는 시간적 여유를 가지게 하는 중요한 전투에서의 승리라는 의미가 작아지는 것은 아니다.

진동리지구전첩비

3. 중앙청에 태극기를 게양한 것은 1950년 9월 27일이다.

9월 28일은 서울수복 기념일이다. 해마다 9월 28일을 즈음하여 서울시와 해병대는 서울시청 앞 광장에서 서울수복 기념행사를 실시하고 있다. 그리고 이 행사에서는 6·25전쟁 당시 중앙청에 태극기를 게양하는 모습을 재연하고 있다. 인천상륙작전을 통해 경인지구작전을 거쳐 수도 서울을 탈환한 해병대의 자랑스러운 모습을 재연하고 있는 것이다.

그렇다면 국군 해병대가 중앙청에 태극기를 게양한 날이 9월 28일이기 때문에 이를 재연하는 행사를 하는 것일까?

해병대에서 발간한 각종 간행물에는 1950년 9월 27일에 중앙청에 태극기를 게양하였다고 기록하고 있다. 1999년에 발간한 『사진으로 본 해병대 50년사』, 2009년에 발간한 『해병대 60년 약사』, 2019년에 발간한 『대한민국 해병대 70년사』 등에는 모두 국군 해병대가 1950년 9월 27일에 중앙청에 태극기를 게양하였다고 기록하고 있다. 그런데 9월 28일에 서울수복 기념 행사의 일환으로 중앙청 태극기 게양행사를 하고 있다.

인천상륙작전 이후 경인지구작전 및 서울수복작전을 진행 중이던 1950 년 9월 27일 당시 국군 해병대는 고길훈 소령의 제1대대가 신문로에서 효자 동에 이르는 복잡한 주택가의 적을 소탕했고, 중앙우체국을 거쳐 퇴계로 쪽 으로 진출했던 제2대대 제5중대는 날이 저문 후 해군본부 청사에서 야영을 했다. 그리고 제7중대(중대장 정광호 중위)는 을지로 입구의 내무부 자리에 서, 제6중대(중대장 심포학 중위)와 함께 시청 쪽으로 진출했던 제2대대 본 부는 9월 27일 밤 조선호텔에서 각각 숙영을 했다. 해병대사령부는 북아현 동에 있는 한성중학교에 위치하고 있었다.

조선호텔에 본부를 둔 한국 해병대 제2대대는 대대장 김종기 소령이 중 대장과 소대장들을 불러놓고 다음날 작전계획을 설명하고 있는데, 옆에 있 던 박성환 종군기자가 "중앙청은 미 해병 제5연대의 목표이나 우리 동포의 손으로 태극기를 올려야 한다."는 이승만 대통령의 분부가 있었다고 했다.

이 말은 들은 박정모 소위(예비역 대령)는 '태극기는 내가 꽂아야겠다.'는 결심을 하고 곧바로 대대장에게 보고하고 중앙청 돌진 허가를 상신하였다. 대대장은 신현준 연대장의 승인을 얻고 박정모 소위를 격려하였다. 박정모 소위는 9월 27일 새벽 3시 경, 조선호텔의 한 벨보이를 통해 구한 대형 태극 기를 몸에 감고 소대를 진두지휘하여 중앙청으로 접근하였다. 세종로 일대 에는 군데군데 북한군이 구축해 놓은 진지로부터 간헐적으로 총탄이 날아 왔으나 수류탄 공격으로 수개의 진지를 격파하고 2시간 만에 연기가 자욱한

1950년 9월 29일 촬영한 사진. 태극기가 중앙청 돔 창문에 비스듬히 걸려 있다. 사진 하단부에 "1950. 9. 27. 해병대원이 중앙청 돔 창에 게양한 태극기"라고 씌어 있다.

중앙청에 도착하였다.

우선 중앙청 내부의 잔적을 소탕하고 제압한 다음 2개 분대를 중앙 돔 입구에 배치하고 1개 분대를 근접 호위케하여 2m 길이의 깃봉을 든 최국방 견습수병과 양병수 이등병조를 대동하고 돔 계단으로 올라갔다. 철제 사다리는 폭격으로 인해 이미 절단되어 있었고, 끊어진 와이어로프 일부를 이용하여 중앙청 돔 꼭대기로 오르다 떨어져 부상을 당할 뻔하였다.

부득이 호위 분대원들의 허리띠를 모두 회수하여 연결한 다음 천장에 매달고 돔 창문까지 접근한 다음 태극기를 봉에 달아 창밖으로 비스듬히 내걸고 고정시켰다. 이때가 9월 27일 새벽 6시 10분이었다. 즉 태극기를 게양대에서 게양한 것이 아니고 봉에 달아 창밖으로 비스듬히 내걸고 고정시켰던 것이다.

그럼 게양대의 태극기는 누가 걸었을까?

중앙청(광화문 뒤에 있었던 구 조선총독부 건물)의 국기게양대에는 북한군이 대한민국의 수도 서울을 점령한 1950년 6월 28일 이후 1950년 9월 27일까지 89일 동안 인공기가 게양되어 있었다. 이 인공기를 끌어내리고 성조기를 게양한 부대는 중앙청을 공격 점령한 미 해병 제5연대 제3대대 G중대 대원들이었다. 그들은 9월 27일 오후 3시 8분 중앙청을 점령하고 국기 게양대에 걸려 있는 인공기를 끌어내리고 성조기를 게양하였던 것이다. 태극기를 게양한 것이 아니다.

그렇다면 우리가 일반적으로 알고 있는 중앙청에 태극기를 게양하는 해병대의 사진은 사실이 아니란 말인가? 1950년 9월 28일에 해병대는 중앙청에 태극기를 게양하지 않았다는 것인가?

결론부터 말하자면 사실이 아니다. 해병대는 그날 중앙청 국기게양대에 태극기를 게양하지 않았다.

중앙청 국기게양대 아래에서 촬영한 이 사진은 1954년 당시 경기도 파주군 금촌면 아동리 소재 해병대 여단본부의 정훈참모실(실장 홍일승 소령) 보좌관이었던 정채호 씨(당시 중위)의 작품이었던 것이다. 그는 1953년 3월 해병대사령부(작전교육국)에서 발간한 『해병전투사』 제1부에 기술되어 있는 "28일 (9월) 심포학 중위가 거느리는 6중대(2대대)에서는 소위 박정모, 일조 양병수, 견수 최국방의 3용사가 빗발처럼 쏟아지는 적탄을 무릅쓰고 중앙청 건물에 돌입하여 게양대

서울수복작전의 중앙청 태극기 게양 사진으로 알려진 이 사진은 1954년에 찍은 사진이다.

에 걸려 있는 적기(敵旗)를 갈가리 찢고 장안만호(長安萬戶)의 환시리(環視裡)에 태극기를 하늘 높이 올렸다.”라는 기사를 읽고 그들이 직접 국기를 게양했을 것으로 판단하였다. 따라서 9·28 서울수복 기념 사진전시회를 위해 1954년 4월에 제6중대 1소대 선임하사관 양병수 일조와 최국방 견습수병을 정훈참모실의 김장렬 상사가 서울의 중앙청으로 데리고 가서 경비실의 협조 하에 국기계양대에 게양되어 있는 국기를 하강시키고 태극기를 게양하는 장면을 촬영한 것이다. 그리고 사진 전시회를 할 때는 ‘9월 28일 2대대 6중대 1소대장 박정모 소위의 지휘 하에 중앙청에 돌입한 양병수 일조와 최국방 견습해병이 국기계양대에서 끌어내린 인공기를 갈가리 찢고 태극기를 게양하는 감격적인 장면’이라는 사진 설명을 붙여 큰 성과를 거두었다. 사진 전시회는 1954년 9월 15일부터 9월 28일까지 여단본부, 문산농고, 창경궁, 중앙청 내, 인천에서 개최하였다.

그런데 문제는 그로부터 30여 년이 지난 1983년 국방부 전사편찬위원회에서 『인천상륙작전』이라는 책이 발간됨으로써 발생하였다. 그리고 미 해병대에서 발간하는 LEATHERNECK 2000년 11월호에 그 사실을 뒷받침하는 인공기의 사진과 성조기의 사진이 게재됨으로써 9월 28일 국군 해병대 제6중대 제1소대장 박정모 소위를 비롯한 3용사가 국기계양대에 걸려 있는 인공기를 갈가리 찢었다고 한 『해병전투사』 제1부의 기록은 사실과 다름이 판명되었다. 따라서 이 사실을 입증하는 그 국기 게양 사진 또한 사실과 다름이 알려지게 된 것이다. 정채호 씨는 이러한 사실을 2015년에 발간된 『해병사의 증언록-개천에서 난 용』이라는 책의 ‘비망록’에서 밝힌 바 있다.

이러한 사실은 당시 제2대대장이었던 김종기 씨가 1950년 9월 27일에 찍은 사진에서도 확인된다. 태극기가 중앙청의 국기게양대에 걸려 있지 않고 돔의 창에 걸려 있다.

1950. 9. 27. 旧中央府의 太極旗 當時 海兵 第二 大隊長 金鍾基(?)

해병대사령부 조인복 소위가 당시 해병 제2대대장이었던 김종기 소령이 중앙청을 배경으로 찍은 사진의 첨탑 부분에 9월 27일 6시 10분 박정모 당시 제6중대 제1소대장이었던 박정모 소위가 게양한 태극기가 희미하게 보이고 돔 중앙 기둥에는 그 이후에 걸린 태극기가 보인다.

9월 28일은 미 제10군단의 서울탈환작전이 사실상 종료됨에 따라 임시수도 부산에 위치하고 있던 우리 정부에서 서울수복의 날로 정한 날이다. 그리고 9월 29일 중앙청 메인 홀에서 환도식을 거행하였다.

따라서 해병대가 중앙청에 태극기를 게양하는 행사를 하는 것은 9월 27일 오후 3시 8분에 중앙청에 성조기를 게양한 미 해병 제5연대 제3대대 G중대보다 빠른 오전 6시 10분에 중앙청에 도착하여 태극기를 게양하고 9월 28일에 작전이 종료되었다는 것을 의미하는 상징적인 행사라고 하겠다.

4. 김일성·모택동고지는 해병대가 명명했다.

1953년 3월에 해병대사령부에서 발간된 『해병전투사-제1부』에서는 "도솔산전투에서 패배한 오명을 여기서 설욕하겠다고 호언하였다. 더욱이 924고지를 김일성고지, 1026고지를 모택동고지라고 명명하여 사기를 앙양시킨 것으로 보아 적의 방어에 대한 강도를 능히 추측할 수 있었다."라고 기술되어 있다.

그런데 육군에서도 김일성고지라 불리는 곳이 있다. 모택동고지는 없다. 그렇다면 김일성고지에서는 해병대와 육군이 같이 전투를 하였나? 아니면 다른 고지를 같은 이름으로 부르는가?

먼저 해병대에서 부르는 김일성고지와 모택동고지에 대해서 알아보면 다음과 같다.

1951년 8월 31일부터 9월 3일까지 해병 제1연대는 북한군 제1사단이 점령하고 있던 924고지와 1026고지를 탈환함으로써 강원도 양구 북방의 해안분지를 확보하였다.

1951년 7월 10일부터 시작된 휴전회담이 별다른 진전을 보이지 않자 유엔군사령관 리지웨이(Matthew B. Ridgway) 장군은 군사력에 의한 압력으로 협상을 강요하겠다는 전략을 세웠다. 이에 따라 미 제8군사령관 밴플리트 장군은 7월 21일 중동부와 동부전선의 미 제10군단과 한국 육군 제1군단에게 공산군의 전략적 요충지이며 국군과 유엔군 방어선의 취약지역인 해안분지지역을 먼저 공격하도록 명령하였다. 이 해안분지는 외국 종군기자가 가칠봉에서 내려다 본 모습이 화채그릇을 닮았다고 하여 펀치 볼(Punch Bowl)이라고 부르는 지역이었다.

해안분지 탈환을 위한 미 제10군단의 작전은 1951년 7월 하순부터 시작되어 장마기간 동안에 잠시 중단되었다가 8월 중순에 재개되었다. 미 제10군단은 예비인 미 해병 제1사단과 한국 육군 제5사단까지 전방으로 투입하여 각 사단별로 공격목표를 부여하였다. 당시 미 해병 제1사단에는 한국 해병 제1연대가 배속되어 있었다.

미 해병 제1사단은 8월 30일까지 한국 해병 제1연대와 미 해병 제7연대를 전방에 배치하고 나머지 2개 연대를 예비로 확보한 후 공격준비에 들어갔다. 미 해병 제1사단에서는 한국 해병 제1연대에게 해안분지 북쪽의 횡격실 능선상에 위치한 924고지와 1026고지를, 미 해병 제7연대에게 해안분지 북동쪽의 702고지와 660고지를 각각 공격목표로 부여하였다.

한국 해병 제1연대는 8월 31일 아침 6시를 기하여 공격을 개시하였다. 북한군의 강력한 저항과 매설된 지뢰로 공격이 정체되고 사상자가 속출하였음에도 불구하고 한국 해병 제1연대는 굽히지 않는 투지와 용기로 혈전을 거듭한 끝에 9월 2일 924고지를 점령하였다. 그리고 9월 3일에는 끝까지 저항하는 북한군에게 수류탄을 투척하면서 일제히 돌진하여 백병전 끝에 1026고지도 완전히 점령하였다.

이 전투에서 한국 해병 제1연대는 382명의 북한군을 사살하고 44명을 생포하였으며, 개인 및 공용화기 등 145점을 노획하는 전과를 올렸다. 그리고 한국 해병 제1연대에서도 103명의 전사자와 388명의 부상자가 발생하였다. 전투 결과 중동부전선의 전세가 국군과 유엔군에게 유리하게 되었다.

해병대에서는 북한군이 도솔산전투의 패배를 설욕하겠다며 924고지를 김일성고지, 1026고지를 모택동고지로 명명하였다는 것이다.

그럼 육군 전사에서 김일성고지라고 부르는 곳은 어디인가?

육군에서 말하는 김일성고지는 가칠봉(△1242) 서북방에 위치한 사태리의 동남방에 있는 1211고지와 백마고지 뒤의 고암산(△782) 등 2곳이 있다. 특히, 1211고지는 북한에서 '영웅고지'라고 부르는 곳이다.

국군 제5사단은 1951년 4월 이후 주로 미 제10군단에 배속되어 횡성, 인제, 원통, 양구 등지를 거치며 북한군과 접전을 계속해왔다. 그리고 도솔산을 연하는 전선으로 전진한 후로는 8월 31일에 미 제2사단과 함께 가칠봉 일대를 공격하여 점령하였다. 그 후 계속해서 이 지점으로부터 1.3km 서북 지점에 있는 1211고지를 공격하게 되었던 것이다.

국군 제5사단 제27연대의 1211고지 공격전은 9월 5일부터 9월 16일까지 3차에 걸쳐 전개되어 한 차례 목표를 점령하기도 했으나 결국은 실패로 돌아가고 말았다. 그리고 9월 17일부터는 제35 및 제36연대가 계속 공격을 감행하여 무려 41일간의 8차 공격까지 시도했으나 끝내 이 고지를 확보하지 못했다. 그 후 이 정면을 담당한 다른 부대들도 휴전 시까지 1211고지 점령에는 성공하지 못하였던 것이다.

국군 제5사단은 연대별로 또는 3개 연대로 1211고지를 공격하여 3번씩이나 목표를 점령하였으나 그때마다 적의 역습에 이를 상실하고 가칠봉 부근 전투를 종결하였다. 국군 제5사단은 북한군 1,102명을 사살하고, 포로 250명을 획득하는 전과를 올렸다. 반면 국군 제5사단도 전사 722명, 실종 437명, 부상 4,251명의 인명손실을 입었다.

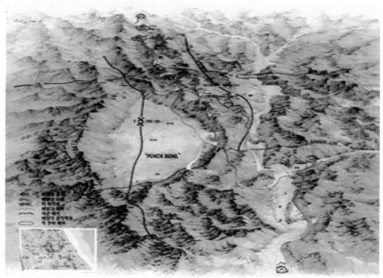

김일성·모택동고지 전투상황도

비록 1211고지를 점령하는 데는 실패하였지만, 국군 제5사단은 끈질긴 전투로 가칠봉−서희령 전선을 굳게 지켜 미 제10군단의 해안분지 확보에 기여하였고 단장의 능선 동쪽 측방의 위협을 차단하여 미 제2사단이 단장의 능선을 점령하는 데 기여하였다. 국군 제5사단은 1951년 10월 20일 가칠봉 부근 전선을 국군 제3사단에게 인계하고 양양으로 이동하였다. 이후에도 가칠봉 부근 전선에는 여러 사단이 교대로 투입되었지만, 결과적으로 국군 제5사단이 확보한 841고지−가칠봉−서희령 선이 최전방 전선이 되었다. 이 1211고지를 육군에서는 김일성고지라고 부른다.

이 전투에 대해 북한의 6·25전쟁 공간사인『조선전사』에는 어떻게 기록하고 있을까? 해병대의 926고지와 1026고지 전투, 그리고 육군의 1211고지 전투에 대해 북한의 6·25전쟁 공간사인『조선전사』에 기록된 부분을 확인하였다.

북한은 6·25전쟁을 '조국해방전쟁'이라고 부르며 '조선전쟁'이라고도 한다. 북한이 도솔산전투에서의 패배에 대한 오명을 씻고 이를 설욕하고자 926고지를 김일성고지, 1026고지를 모택동고지라고 명명하며 그들의 사기를 앙양시키면서 절대사수를 위해 노력하였다면 북한군의 6·25전쟁사에 기록이 되어 있을 것이다. 그런데 아쉽게도 해병대가 김일성고지·모택동고지라고 명명한 924고지와 1026고지 전투에 대해 북한의 6·25전쟁 공간사인 『조선전사』에는 이 전투에 대한 기록이 없다. 하지만 1211고지에 대해서는 북한의『조선전사』에 기록이 되어 있다.

최고인민회의 상임위원회는 1211고지 일대의 방어에 임하였던 제2보병사단의 영웅주의와 애국주의를 높이 평가하여 친위강건 제2보병사단의 칭호를 부여하고, 15명의 장병에게 북한 영웅칭호를 수여하였다. 더욱이 인민군은 이 작전을 통해서 진지방어의 경험을 풍부히 쌓게 되었으며, 기술적 우세를 호언하는 미군 상대의 방어작전에서 병력을 보호하고, 진지를 확보하면서 유엔군에게 타격을 주기 위해서는 갱도식 진지의 축성이 필요하다는 것을 절실히 통감하게 되었다. 그

해병대 김일성고지작전 전몰영령 진혼제 기념비

리하여 이때부터 최고사령관 김일성의 직접적인 발기 하에 전선 장병의 대대적인 갱도구축 작업이 개시되었다.

1211고지 방어전투는 북한의 공간사에서 주장하고 있는 것처럼 결사적인 투쟁으로 끝까지 고수한 성공적인 사례로서 북한군에서는 지금도 이 전투를 교훈으로 삼고 당시의 감투정신을 본받아 계승하도록 강조하고 있다.

그런데 육군에서 김일성고지라고 부르는 곳이 한 곳 더 있다. 백마고지 뒤의 고암산(△782)이다. 이곳은 6·25전쟁이 한창이던 1951년 10월 27일부터 28일까지 철의 삼각지를 두고 피아가 치열하게 공방전을 펼친 곳이다. 김화-평강-철원을 철의 삼각지라 부를 만큼 남북한 모두에게 중요한 전략적 요충지였다. 얼마나 치열했던지 이곳 철원평야 지대를 내어주고, 김일성

이 고암산에 올라 3일을 밤낮으로 울었다는 이야기가 전해오고 있다. 그래서 이 고지를 김일성고지라고 부른다.

2000년에 정채호 씨가 쓴 『해병대의 전통과 비화』라는 책에서는 김일성·모택동고지에 대해 "당시 이 고지에는 소련제 중화기로 장비한 북한군 제3군단 예하의 최정예부대로 알려져 있던 제1사단 제3연대가 배치되어 견고한 방어진지를 구축하는 한편 진지 전면에 천문학적 숫자의 지뢰를 매설하는 등 철통같은 방비를 하고 있었다. 그래서 연대본부에서는 장병들의 사기를 고무시키기 위해 924고지를 김일성고지, 1026고지를 모택동고지로 명명하여 비장한 결의를 가다듬게 하였다. 이러한 사실을 알지 못하는 사람들은 인민군이 그렇게 명명해 놓은 것으로 착각하고 있는데 사실은 그렇지가 않다."라고 기술하고 있다.

결과적으로 해병대가 924고지 및 1026고지를 김일성·모택동고지라고 부르는 것과 육군이 1211고지와 철의 삼각지의 고암산고지를 김일성고지라고 부르는 것은 모두 우리 군이 부여한 명칭이라는 것이다.

비록 북한의 『조선전사』에는 1211고지 전투만 기록되어 있지만, 이것은 926고지나 1026고지 전투와는 달리 북한이 그 전투를 통해 전투 이후의 대대적인 갱도 구축 작업에 대한 필요성을 느꼈기 때문일 것이다.

5. 서쪽하늘 십자성은 남쪽하늘에 있다.

"서쪽하늘 십자성은 별들의 꽃이려니~"

이 군가는 해병대 장병들이 즐겨 부르는 군가인 "해병행진곡"이다. 이 군가는 해병대사령부 작사·작곡으로 되어 있다. 아쉽게도 이 군가는 작사가와 작곡가가 명확하지 않다. 언제, 누가, 어떤 목적으로 제작했으며 군가로 제정되었는지 정확한 기록이 없다. 그런데 서쪽하늘에 십자성이 있다는 가사는 어딘가 어색해 보인다.

이 곡의 가사에 등장하는 십자성은 어떤 별일까?

"십자성"은 봄철에 남쪽 하늘의 켄타우루스자리 남쪽에 보이는 별자리이다. 아쉽게도 이 별은 우리나라에서는 볼 수가 없다. 왜냐하면 이 별은 북위

30도 이남에서만 볼 수 있기 때문이다. 그래서 여러 남반구 나라들에서는 남십자성이 국기 등의 상징에 많이 사용된다. 오스트레일리아, 뉴질랜드, 토켈라우, 브라질, 파푸아뉴기니, 크리스마스 섬, 사모아의 국기에는 남십자성이 그려져 있다.

오스트레일리아   뉴질랜드   토켈라우 제도(뉴질랜드 령)

브라질   파푸아뉴기니   서사모아

1954년 7월 스타레코드사에서 제1회 작품으로 발매한 유성기 음반 가운데 "날려라 해병대기"라는 노래가 있다. 이 곡이 바로 "해병행진곡"의 원곡이다.

1953년 7월 27일의 휴전협정이 체결되자 피난민들은 서울로 돌아가는 발걸음을 서둘렀다. 부산, 대구에서 활약했던 가요인들도 점차 서울로 활동의 자리를 옮겼으며 새로 몇몇 레코드 회사가 창립되었다. 환도 이후 맨 처음 신문광고를 낸 레코드사는 스타레코드로 1954년 7월 4일자 동아일보에 실린 "제1회 작품"은 해군정훈음악대의 '애국가', '승리의 노래', 신세영의 '날려라 해병대기', 황금심의 '삼다도소식', 이예성의 '전선소야곡', 박단마의

'슈사인 보이', 신카나리아의 '승리부기', 신세영의 '바로 그날 밤' 등 8곡이었다. 피난 시절의 음반은 아직 낡은 음반을 녹여서 찍어내는 종래 방식으로 만들었기 때문에 음질이 좋지 않았지만 스타레코드는 국내에서 녹음한 원판을 일본에 가서 제품으로 만들어 왔기 때문에 음질이 좋았다.

'날려라 혜병대기'는 당시 유명한 대중음악인인 손석우가 작사하고 손목인이 작곡한 곡으로 3절로 구성된 곡이었다. '날려라 해병대기'를 이 군가의 원곡으로 보는 이유는 가사를 살펴보면 짐작할 수 있다.

날려라 해병대기	해병행진곡
1절 남쪽하늘 십자성은 별 중의 꽃이려니 우리는 꽃피어서 국군 중의 꽃이로다 우리들 가는 곳 오대양과 육대주에 용맹을 떨치자 해병대 용사야	1절 서쪽하늘 십자성은 별들의 꽃이려니 우리는 꽃피었다 국군 중의 꽃이로다 우리의 가는 곳 오대양과 육대주에 이름을 떨치자 해병대 용사야
2절 도솔산 흘린 피는 우리의 혈관 속에 아직도 뜨거웁다 파도같이 굽이친다 바단들 육진들 싸울 곳을 가릴 소냐 이름을 빛내자 해병대 용사야	2절 도솔산 흘린 피는 우리의 혈관 속에 아직도 뜨거웁다 파도같이 굽이친다 우리의 가는 곳 오대양과 육대주에 이름을 떨치자 해병대 용사야
3절 때가 오면 번개처럼 적진을 뚫고 뚫어 침략자 쳐부수는 우리 모습 보았느냐 삼천리 이 강산 산과 들과 들판 위에 깃발을 날리자 해병대 용사야	–

약간의 차이는 있지만 두 곡의 가사가 거의 일치하는 것을 보면 확실히

원곡이 존재했음을 알 수 있다. 두 곡의 차이점은 원곡은 3절까지 되어 있는데, '해병행진곡' 가사는 2절로 줄어 상대적으로 단순화되었다는 것을 알 수 있다. "서쪽하늘 십자성" 같은 이해하기 어려운 대목도 원곡과 비교를 해보면 와전된 것을 알 수 있다.

〈날려라 해병대기〉는 손석우(1920~2019)가 작사하고 손목인(1913~1999)이 작곡하였는데, 두 사람은 모두 당대에 유명한 대중가요 작가였다. 손석우의 대표작으로는 〈노란 샤쓰의 사나이〉, 〈나 하나의 사랑〉 등이 있고, 손목인의 대표작으로는 〈목포의 눈물〉, 〈아빠의 청춘〉 등이 있다.

〈날려라 해병대기〉 음반을 보면 제목과 작자가 좀 다르게 표기되어 있는데, 제목은 〈날여라 해병대〉로 되어 있고, 작자는 유호 작사, 박시춘 작곡으로 되어 있다. 하지만 1954년 7월 4일자 동아일보 광고에 〈날려라 해병대기〉로 표기되어 있다는 점과 가사내용을 생각해 보면, 제목은 역시 〈날려라 해병대기〉로 보는 것이 적절할 것 같다.

신세영의 〈날여라 해병대〉

작자 역시 〈날려라 해병대기〉 뒷면에 수록되어 있는 〈삼다도〉(〈삼다도 소식〉의 오기)의 작자가 손석우 작사, 손목인 작곡으로 되어 있는 것을 볼 때, 두 노래의 작자 표기가 앞뒷면에 바뀌어 찍힌 것으로 추정된다.

'십자성'은 적도 아래의 남반구에서만 볼 수 있다. 십자성이 우리에게 알려진 것은 일제강

점기 당시 강제징용으로 끌려간 사람들이 태평양 한 가운데에 있는 적도 아래의 어느 섬에서 '십자성'을 보고 고향을 그리워했다는 데서 유래했다고 한다. 이후 베트남에 파병된 장병들도 고향을 그리워하는 마음에서 '십자성'이라는 별을 생각해 내었을 것이라고 추측된다. 베트남전쟁과 관련하여 '십자성부대', '십자성마을', '십자성작전' 등의 용어들이 등장한 것을 보면 충분히 짐작할 수 있을 것이다. 베트남이라는 나라는 우리나라에서 볼 때 상당히 남쪽에 위치해 있고, 또한 서쪽에 위치하고 있기 때문이다. 아마도 해병대에서 말하는 속칭 "사가"들이 주로 베트남 파병 당시에 만들어진 것을 고려해볼 때 이 군가도 한국의 서쪽인 베트남 하늘의 별을 보고 "서쪽하늘 십자성은 ∼"으로 바꾸어 부른 것이 아닌가 하는 생각이 든다.

어찌되었든 이 곡은 해병대사령부 작사·작곡이 아니라 손석우 작사·손목인 작곡인 〈날려라 해병대기〉가 원곡인 것이다. 비록 음반에는 〈날여라 해병대〉로 되어 있지만….

6. 해병대를 지원하지 않은 해병도 있다.

해병대는 모두 지원해서 온 사람들이다.

그럼 해병대는 처음부터 지원자들만의 조직이었나? 그렇지 않다. 해병대
에도 징집된 사람들이 있었다. 비지원병들도 있다.

우리나라는 1945년 8월 15일 해방 후 국방경비대 창설로부터 6·25전쟁
발발 전까지는 소규모의 상비군만을 보유하였다. 비록 징병제를 규정한 병
역법이 1949년 8월 6일에 제정 공포되어 시행되었지만 이를 적용하지 않고
순수한 지원병만으로 병력을 충원하였다.

따라서 해병대는 창설 당시 해병 제1·제2기와 제주도에서의 해병 제3·제
4기를 제외한 제5기부터 1958년까지는 지원 및 징집자원으로 신병을 충당
하였다.

1950년대 해병대 징집 및 지원입대 현황

지원/징집

1951	1952	1953	1954	1955
3,070/5,027	1,649/6,949	1,522/7,545	2,090/1,962	1,059/1,678
1956	1957	1958	계	
2,571/4,455	3,113/7,592	4,913/1,862	19,987/57,057	

해병대는 1958년 이후 10여 년 동안 징집을 하지 않고 지원에 의한 병력을 선발하였다. 1967년부터 지원제와 징집제를 병행하였다. 그래서 1990년대까지 해병대에는 자발적인 지원이 아닌 징집으로 입대한 해병들도 상당수를 차지했다. 이렇게 징집기수와 지원기수를 병행했던 시기에는 홀수기수, 짝수기수 번갈아 가며 징집기수, 지원기수가 되었다. 따라서 전체 병력의 약 절반 정도가 징집된 해병이었다.

그러다가 1990년대 이후 징집기수를 대폭 줄여나갔다. 1990년대 중반부터는 징집기수가 1년에 2개 기수로 줄어들었고, 2003년에는 일부 남아 있던 징집기수제마저도 완전히 폐지되었다. 과거보다 갈수록 해병대 지원자가 늘어나서 굳이 징집을 하지 않아도 되었기 때문이다. 이 2003년부터는 상근을 제외하면 전원이 지원자이다.

해병대 징집기수제가 폐지되고 마지막으로 남은 비지원병 1%는 상근예비역이다. 포항시, 김포시 북부, 강화군, 옹진군, 제주특별자치도, 가덕도 등지에는 육군 부대 대신 해병대 부대가 예비역 자원을 관리하기 때문에, 이 지역에서 현역 판정을 받은 사람 중 일부가 상근예비역으로 징집되어 근무하게 된다.

과거에는 해병대 지원자가 많지 않아서 전체 해병 인원 중 절반은 지원으로 뽑고 나머지 반은 징집으로 충당했다. 그래서 해병대는 지원만 하면 대부분 합격이었다. 그런데 2000년대 이후부터 해병대의 이미지가 많이 개선되고 언론 홍보도 많이 하면서 지원자가 많아져 경쟁률이 높아지게 되었다. 또한 대학생 비율이 늘어나면서 복학시기를 맞추기 위해 육군보다 빨리 갈 수 있는 해병대를 지원하는 학생들이 많아 꾸준히 지원자가 늘어나 경쟁률이 높은 편이다. 2000년대 중반 경부터는 해병 선발에 체력테스트인 팔굽혀펴기와 윗몸일으키기가 도입되었다. 그리고 고교 생활기록부도 선발에 중요해졌다. 이렇게 해병대는 합격하기가 쉽지 않게 되었다. 따라서 해병대 입대자들의 질적인 수준이 예전의 해병대원들보다는 훨씬 높아졌다.

연예인 등 해병대 출신 유명인들이 인터뷰에서 해병대에 왜 갔냐는 질문을 받으면 대부분 이러이러한 이유로 지원했다는 식으로 말하지만 실제로 그들 중 상당수는 지원이 아니라 징집기수들인 경우가 많다. 자기가 지원해서 간 게 아니라 징집되어 갔다고 말하는 해병대 출신은 많지 않다. 굳이 징집기수라는 것을 밝힐 필요가 없기 때문이다. 그리고 해병대에 대해 큰 관심이 없는 일반인들은 해병대에 징집기수라는 게 있었는지도 아예 모르고 당연히 다 지원해서 간 것으로 생각하기 때문에, 지원해서 갔다고 굳이 말하지 않더라도 지원한 걸로 알고 있는 경우도 많다.

이외에도 비공식적이고 비정기적으로 징집된 해병대원들도 있다. 1960년대에 운동권 및 병역기피를 위해 숨어 지내던 사람들을 잡아낸 뒤 군대 가서 고생 좀 하고 정신 차리라는 의미로 반강제식으로 해병대로 입영시키는 경우들도 있었다. 1960년대 초반에 일부 연예인들은 일정한 거처 없이 전국을 떠돌며 영장을 못 받아 군대를 가지 않고 있다가 병역기피자 일제 단속에 걸려서 체포된 뒤 해병대로 강제 입영되는 경우도 있었다. 물론 입대 이후에는 해병연예대에서 근무했다. 해병대 징집기수제는 1967년에 생겼기 때문에 1960년대 초반이면 공식적으로는 징집기수제가 없을 때였지만 그 당시에도 비공식적이고 변칙적인 강제징집 해병들이 존재했던 것이다.

7. 해병대에도 4성 장군이 있었다.

해병대에도 4성 장군이 있었다.

해병대사령부에서 1971년에 발간한 『해병사』 제6집에 따르면, 국기관 912-173호(1968. 12. 30.)에 따라 해병대 창군 이래 처음으로 사령관의 T/O가 대장으로 승격됨에 따라 1969년도부터 장관급 장교의 계급 정원이 베트남에 파병된 청룡부대를 제외하고 대장 1, 중장 1, 소장 4, 준장 11명으로 변경되었다. 따라서 국본일명(해) 제1호에 따라 1969년 1월 1일부로 해병대사령관은 대장으로, 부사령관은 중장으로, 작전과 행정의 양개 참모부장은 소장으로 각각 T/O가 변경되었다. 1969년 1월 1일 부로 진급한 사람은 사령관 대장 강기천, 부사령관 중장 정광호, 작전참모부장 소장 이병문, 행정참모부장 소장 이봉출 등이다.

당시 해병대사령관의 대장 계급은 1969년 1월 1일(특검단장 임명 5개월

전) 박정희 대통령이 제7대 해병대사령관의 임기를 마친 강기천 중장에게 1년 연장을 허용한 군 인사법의 규정에 따라 1년 간 임기를 더 연장시켜 주면서 달아 준 계급이었다. 그리고 같은 날짜 부로 해군참모총장(김영관 중장)과 공군참모총장(김성룡 중장)도 대장으로 승진이 된 것이다. 그래서 그 때까지 육군참모총장만 대장이었던 것이 1969년 1월 1일 이후 육군·해군·공군 참모총장과 해병대사령관 모두가 대장의 계급을 달게 된 것이다.

이후 해병대에서는 제8대 사령관 정광호 대장(1969. 7. 1.~1971. 6. 30), 제9대 사령관 이병문 대장(1971. 7. 1~1973. 10. 9)이 4성 장군으로 해병대사령관을 역임하였다.

제7대 사령관 중장 강기천
(1966. 7. 1.~1969. 7. 1.)

제8대 사령관 대장 정광호
(1969. 7. 1.~1971. 7. 1.)

제9대 사령관 대장 이병문
(1971. 7. 1.~1973. 10. 10.)

제7대 해병대사령관 강기천 대장은 1966년 7월 1일부터 1969년 6월 30일까지 3년간 해병대사령관으로 재직하였다. 그는 1927년 11월 11일 전라남도 영암군에서 출생하였으며, 1946년에 조선해안경비대에 입대하여 해군소위가 되었다. 1949년에 해군신병교육대장이 되었고 해병대가 창설되자 제1연대 5대대장, 해병대 제2연대장 등을 역임했다. 1966년 7월 1일에 제6대 해병대사령관 공정식 중장에 이어 제7대 해병대사령관에 취임하였다. 1969년 1월에 대장으로 진급하였으며 1969년 7월 1일에 제8대 해병대사령관 정광호 대장에게 해병대의 지휘권을 인계하였다.

제8대 해병대사령관으로 취임한 정광호 대장은 1969년 7월 1일부터 1971년 6월 30일까지 재임하였다. 그는 1922년 경기도 수원군(현재의 화성시지역)에서 태어나 1948년에 해군사관학교 특1기 과정을 거쳐 해군소위로 임관했다. 이후 해병학교 상륙전 고등군사반, 육군대학을 졸업했다. 해병대 창설기인 1949년에 초대 헌병대장을 역임했다. 6·25전쟁 당시 제2대대 제7중대장으로 경인지구작전, 목포·영암지구 및 원산·함흥지구전투에 참전하였으며, 해병대 제1전투단 제3대대장, 제1상륙사단 제2연대장, 제1상륙여단장, 제1상륙사단장을 역임하였다. 해병대사령부에서는 인사국장, 기획참모부장, 행정참모부장, 참모장, 부사령관, 부사령관 겸 참모장 등을 역임하고 제8대 해병대사령관으로 취임하였다.

제9대 해병대사령관인 이병문 대장은 1971년 7월 1일 취임하여 해병대가 해체된 1973년 10월 10일까지 해병대사령관으로 재임하였다. 그는 1950년 해병소위로 임관한 이후 6·25전쟁 당시 진주지구, 진동리지구전투 등에 참전했다. 특히 가리산전투에서는 해병대 최초 야간공격을 감행하여 목표 고지를 점령하는 공을 세웠다. 1969년부터 2년간 해병대 제1사단장으로 재직하며 간첩 1명을 생포한 모포리 수색작전과 간첩 2명을 사살한 진전리작전을 지휘하기도 했다. 1971년 1월 해병대장으로 진급하여 제9대 해병대사령관에 취임했다. 이들 3명의 4성 장군으로서의 해병대사령관은 2019년과 2020년에 모두 고인이 되었다. 강기천 사령관은 2019년 11월 19일에, 정광호 사령관은 2020년 12월 10일에, 이병문 사령관은 2019년 8월 15일에 모두 고인이 되었다.

초기에는 해병대사령관의 계급이 해군참모총장과 같았다. 이것은 지금의 육군참모총장과 육군 지상작전사령관의 관계와 같다고 보면 된다. 1969년 1월 1일 해군참모총장과 공군참모총장이 해병대사령관과 함께 중장에서 대장으로 진급하였으나 베트남전 철수 이후인 1973년에 해병대사령부가 해체되고, 해병대사령관이 '해군 제2참모차장'으로 바뀌면서 계급도 중장으로 하향 조정되었다.

1987년에 해병대사령부를 부활시킨 이후, 해병대사령관이 해병대를 다시 총괄 지휘하게 되고, 꾸준한 법령과 제도의 정비를 통해 해병대의 정원과 조직을 별도로 관리하고 있다. 1998년부터는 해병대 지휘구조 개선의 일환으로 해병대사령관의 의전서열을 국군 전체의 중장 중 최선임자로 예우하도록 되었다.

2011년 10월에는 국군조직법이 개정되면서 해병대의 인사, 군수, 행정 자치권을 강화하는 조치로, 전역증 발급 등 일부 해군참모총장의 권한을 해병대사령관이 위임 받았다.

많은 사람들은 해병대도 이제 4성 장군이 다시 나와야 한다고 주장하고 있다. 현실적으로 가능할까?

　사실 2019년 4월 23일 이전에는 해병대에서 4성 장군이 나올 가능성은 없었다. 그러나 2018년 9월 13일에 안규백 국회의원이 군 인사법 일부 개정안을 대표 발의하고, 2019년 2월경에 열린 국방부 주재 고위 정책간담회에서 국방부가 개정안에 찬성함에 따라 해병대 장성급 장교의 대장 진급이 법적으로 가능해졌다. 즉, 해병대사령관이 대장 계급으로 진급할 수 있고, 합참의장 혹은 한미연합사 부사령관 자리 등 4성 장군 보직으로의 전출이 가능하도록 했다는 것이다.

　하지만 가능성은 거의 없다. 각 군의 참모총장이 각 군의 서열 1위이기 때문에 합동참모의장으로 영전하지 못하면 전역해야 한다는 군인사법 제19조에 해병대사령관이 포함되어 있기 때문이다. 물론 해병대사령관이 해병대사령관 외에 다른 중장 보직으로 합동 보직을 맡은 후 대장 1차 보직인 한미연합사 부사령관을 맡으면 대장으로의 진급은 가능하다.

　그러나 합참의장은 대장이 1차 보직을 거친 후에 올라가는 2차 보직이란 점에서 해병대 출신의 합참의장은 가능성이 거의 없다고 할 수 있다. 육군의 경우 대장 1차 보직으로 지상작전사령관이나 제2작전사령관, 연합사부사령관, 참모총장을 거치고 2차로 합참의장으로 영전한다. 일부는 3차 보직으로 올라가기도 한다. 정승조 대장의 경우 제1야전군사령관, 연합사부사령관을 거쳐 대장 3차 보직으로 합참의장이 되었기 때문이다. 윤용남 대장도 제3야전군사령관, 육군참모총장을 거쳐 합참의장이 되었다. 해군과 공군의 경우는 대장이 참모총장 한 명뿐이므로 무조건 1차 보직으로 참모총장을 거쳐 2차로 합참의장으로 영전한다.

사실 중장 진급이 해군과 기수를 맞춰서 이뤄지기 때문에 중장 보직이 하나밖에 없는 해병대의 특성상 해병대사령관을 역임하면 퇴역해야 했다. 육·해·공군 합동 보직인 합참의 중장급 보직인 합동참모차장, 작전본부장, 군사지원본부장, 전략기획본부장이나 국방부의 중장급 보직인 국방정보본부장 등은 의전상 해병대사령관보다 의전서열이 아래이다. 해병대사령관이 의전서열상으로 중장 최선임자로 정해졌기 때문에, 해병대사령관이 이러한 보직을 맡는다면 오히려 좌천되는 셈이다. 차라리 해병대사령관의 의전 서열을 낮춰 이러한 합동 보직들을 거친 뒤에 중장 2, 3차 보직으로 해병대사령관으로 보임되거나 해병대사령관의 의전서열을 중장 5위로 낮춘 뒤 합참본부장들을 중장 1~4위로 하면 가능하다.

그 때문에 해병대가 대장으로 진급할 유일한 가능성은 합동참모의장이지만 현실적으로는 갈 수가 없다. 중장 보직이 해병대에 하나밖에 없고 합동 직위의 경우에는 육·해·공군이 대부분을 차지하고 있기 때문이다. 대장도 유일한 합동 직위인 합참의장을 1차 보직으로 갈 수 없기 때문이다. 한동안 합동참모차장에 대장에 보임될 때 합참차장으로 대장에 올라가기를 기대했지만 합참차장은 중장으로 환원되었다. 그리고 2011년 7월 개정된 군인사법 19조 4항에는 '해병대사령관은 그 직위에서 해임 또는 면직되거나 그 임기가 끝난 후 전역된다.'라고 규정하고 있다. 즉 군인사법에서의 해병대사령관은 참모총장과 같이 관리한다는 점에서 다른 부대의 중장급 장성과는 차이가 있다. 비록 4군 체제는 아니지만 해병대는 해군으로부터 인사권, 예산권 등을 위임받았기에 이에 대한 참모총장급의 의전 예우를 위해 해병대 사령관은 중장급 장성 중에서는 의전서열 1위로 대하는 것이다.

많은 사람들은 해병대사령관을 4성 장군으로 보임해야 한다는 주장의 대표적인 사례로 미 해병대의 경우를 들고 있다. 그러나 미 해병대사령관이 4성 장군으로 보임되는 것은 미 해병대의 규모가 워낙 크고 복잡하기 때문에 4성 장군의 계급이 필요하기 때문이다. 미 해병대는 총병력이 약 19만 명 내외이며, 한개 전역에서의 단독작전이 가능한 병력 5만~6만 명 수준의 군단급 부대만 3개를 운용하고 있다. 이것은 그 규모를 고려해보면 4성 장군이 있어야 할 수밖에 없는 당위성이 있다. 이것은 우리 군의 1개 군급에 해당한다. 육군 병력이 약 40만 명인데 군급 지휘관(대장)은 2명(지상작전사령관, 제2작전사령관)인 것도 비슷한 맥락인 것이다.

그에 비해 한국 해병대는 사단급 2개 부대+직할부대, 총병력 2만 8천명 내외로 사단급보다는 규모가 크지만 정규 군단급 보다는 작다. 그런 부대의 사령관이 군단급 지휘관인 중장이면서, 중장 서열 1위이며, 인사권과 예산권까지 부여되고, 참모총장급 의전을 해주는 것조차 부대 규모에 비하면 지금도 현격하게 높은 특혜를 주는 축에 가깝다고 할 수 있다. 실제로 운용 장비 수준이 비슷하고, 같은 중장인 육군 중장의 운용 병력 규모는 4만~5만 명 내외로 중장이 지휘하는 해병대의 1.5배 이상이지만 그 권한은 해병대사령관보다 적다. 부대 규모를 최소한 현재의 3배 이상 확대하거나 소규모 군단급이라도 최소 2개 이상을 보유하고, 각종 직할대 및 지원대를 운용하여 타군 지원 없이 독자적으로 전역 담당이 가능한 수준이 되어야 4성 장군으로의 보직이 가능할 것이다.

제2장 original 원래는?

1. 국군 최초의 전차부대는 해병대였다.

2. 국군 최초의 여군은 해병대였다.

3. 해병대 계급(장)은 육군과 달랐다.

4. 해병대 대표군가는 '나가자 해병대'다.

5. 팔각모는 미 육군에서 시작되었다.

6. 천자봉은 천자봉이 아니다.

1. 국군 최초의 전차부대는 해병대였다.

국군 최초의 전차부대가 1951년 8월 25일에 해병대에서 탄생했다. 비록 전차는 보유하지 않았지만 부대를 먼저 편성한 것이다. 육군의 전차부대는 해병대보다 약 2개월 후인 1951년 10월 5일에 편성되었다. 해병대가 전차를 보유하지 않은 상태에서 전차부대를 편성하였지만 육군도 전차를 보유하지 않은 상태였다.

해병대는 1951년 9월 10일 해군에서 신병훈련을 받고 11월 1일부터 해군 자동차학교에 입교하여 운전교육을 받고 있던 189명의 교육생 중에서 20명을 차출하여 전차중대에 배치하였다. 이후 해군 자동차학교를 해병대가 인수하여 해병 기갑학교로 명칭을 변경하였다. 이미 차출된 20명이 해병대 기갑학교 제1기 교육생이 되었다. 그리고 12월 초순에는 운전교육을 받은 신병 12명을 보충 받았다. 그러나 이때까지도 전차는 보유하지 못했다. 전차는 1951년 12월 중순 부산의 부전역에서 미 해병대로부터 교육용으로

M4A3E8 셔먼(Sherman) 중형전차 5대를 원조 받은 것이 시초이다. 이후 1952년 1월 28일에는 해병 50명이 강원도 양구지역의 펀치 볼에 주둔해 있던 미 해병 제1사단 전차대대에 배치되어 전차 탑승요원 30명, 전차정비병 10명, 전차통신병 10명으로 나뉘어 교육을 받기 시작하였다.

미 해병 제1사단 전차대대와 함께 1952년 3월에 경기도 파주로 이동하였을 때에도 교육훈련을 지속하였다. 이후 1952년 5월 4일 해병 제1연대 전차대대는 미 해병 제1사단 전차대대에서의 교육을 마치고 수료식을 거행하였으며 이때 미 해병대로부터 M4A3E8 셔먼 중형전차 15대를 추가로 지원받았다. 비로소 대한민국 해병대는 완전한 전차중대를 편제할 수 있게 된 것이다.

해병대 전차중대는 1952년 5월 경기도 개풍군 장단면 수전포로 이동하였다. 6월부터는 도라산 및 임진강 장단지구전투에 투입되어 지금의 임진강 자유의 다리 건너 155고지(도라산 전망대)를 중심으로 사천강 하류 전초진지까지 넓은 지역에서 해병대를 지원하였다. 1952년 7월에는 사천강을 도강하는 중공군 보병 1개 대대 병력을 격파하는 대전과를 올리기도 했다.

6·25전쟁 당시 해병대 전차부대의 M4A3E8 셔먼 중형전차

해병대 전차부대 창설과정

전차부대 편성(창설)	1951년 8월 25일	보유 전차 없음	경남 부산
교육용 전차 인수	1951년 12월 중순	보유 전차 5대	경남 부산
전차병 교육 개시	1952년 1월 28일	보유 전차 5대	강원 양구
전차병 교육 수료 및 전차 인수	1952년 5월 4일	보유 전차 20대	경기 파주

육군은 해병대보다도 14개월 빠른 1950년 10월 말에 미군으로부터 M36B2 잭슨(Jackson) 대전차자주포 6대를 교육용으로 인수하였다. 그리고 1950년 11월 10일 부산 동래의 육군종합학교 교수부에 전차과를 개설하고, 12월 18일 김종찬 소위 등 장교 11명과 사병 26명에 대해 교육을 시작하였다. 그러나 육군이 인수한 것은 전차가 아니라 M36B2 잭슨 대전차자주포였던 것이다. 그러나 중공군의 개입으로 인해 1951년 1월 중순에 미군은 육군의 교육용 대전차자주포를 회수(6대)하여 긴박한 전선에 우선 투입하였기 때문에 교육과정이 해체되었다. 이후 1951년 3월 중순 미군으로부터 M36B2 잭슨 대전차자주포 38대, M32 구난전차 2대를 인수하였다.

육군은 M36B2 잭슨 대전차자주포로 1951년 10월 5일에 제51·제52전차중대를 창설하였다. 뒤이어 1952년에 제53·제55·제56·제57·제58·제59전차중대가 창설되었으며, 1953년에는 제60전차중대를 추가로 창설함으로써 육군은 6·25전쟁 기간 중에 총 9개의 독립 전차중대를 보유하게 되었다. 그러나 전차는 없었으며 M36B2 잭슨 대전차자주포만 있었다.

이 부대가 처음 전선에 투입된 것은 1951년 10월이었다. 그러나 이 부대가 보유한 것은 전차가 아니라 전차를 지원하는 대전차자주포였기 때문에 북한군 전차와 실질적인 대전차 전투는 수행하지 못하고 보병사단에 배속되어 고지쟁탈전과 보병 지원임무만 수행하였다. 당시 미 육군의 전차부대가 서부지역에 집중 배치된 것과는 달리 한국 육군의 전차부대로 불리는 이 대전차자주포부대는 주로 동부지역에 배치되어 운용되었다. 그러나 전차가 한 대도 없는 한국군에게는 대전차자주포도 중요한 역할을 하였다.

M36B2 잭슨 대전차자주포로 장비된 육군 전차부대는 '동해안지역의 월비산 및 351고지 쟁탈전', '중부 화천지역의 689고지, 오봉고지, 삼각봉고지, 지형능선 전투', '중서부 금화, 연천지역의 노리고지, 베티고지, 쿠인고지, 백마고지' 등 주요전투에 참가하여 중요한 공헌을 하였다.

미군은 제2차 세계대전 당시 M10 울버린(Wolverine), M18 헬캣(Hell Cat), M36 잭슨 등의 대전차자주포를 운용했었다. M36 잭슨 대전차자주포는 외형적으로 전차와 비슷한 모습을 하고 있지만 전차는 아니다. M36 잭슨은 미군이 제2차 세계대전 당시 나치 독일의 전차부대를 상대하기 위해 만든 대전차자주포로서 영문명도 Tank Destroyer라고 부른다. 즉, 미군도 M36 잭슨을 전차로 분류하지는 않는다는 것이다. 특히 미군의 M4 셔먼을 능가하는 독일군의 전차들에 맞서기 위해 90mm 대전차포를 갖춰서 화력은 강력했으나, 상부 포탑이 개방되어 있고 장갑이 전차보다 얇아서 전면에서 싸우기보다는 매복하여 적 전차를

육군의 M36B2 잭슨(Jackson) 대전차자주포

해병대 1기 전차교육생 수료 기념 사진

기습하는 임무로 운용되었다.

M36B2는 90mm 대전차포를 주포로 사용하는 대전차자주포였지만 6·25전쟁 중에 대한민국 국군에 인도된 최초의 '전차형' 장갑차량으로서 전차가 아쉬웠던 당시 국군의 입장에서는 소중한 존재였다. 이 M36B2 대전차자주포는 기갑병 훈련에도 유용하게 사용되었고 전후에도 한동안 운용되다가 1959년에 퇴역한 후에는 전방지역 고지에서 고정포로 사용되기도 하였다. 지금은 용산 전쟁기념관과 상무대 육군기계화학교에 실물이 전시되어 있다.

따라서 전차병도 없고 단 1대의 전차도 보유하지 못한 해병대 전차중대의 창설이었지만 1951년 8월 25일에 전차중대를 편성하여 1952년 5월 4일에 M4A3E8 셔먼 중형전차를 배치한 해병대 제1연대 전차중대가 국군 최초의 전차부대인 것이다.

육군은 1951년 10월 5일에 제51·제52전차중대를 창설했지만 전차가 아니라 외형적으로 전차와 비슷한 M36B2 잭슨 대전차자주포로 전차부대를 창설한 것이기 때문이다.

2. 국군 최초의 여군은 해병대였다.

 국군 최초의 여군은 해병대에서 탄생했다. 그러나 1994년 이전까지는 제주 출신 해병 제3·제4기생들을 제외한 대부분의 사람들은 이 사실을 알지 못했다. 그러던 중 1994년 8월 10일자 「동아일보」와 1994년 8월 15일에 발간된 「해병전우신문」에 보도되면서 알려지게 되었다. 그 후 1996년에 강기천 장군의 회고록 『나의 인생여로』에 해병대 여군에 관한 이야기가 나오면서 1997년에는 MBC에서 특집 프로로 방송을 하기도 했다. 제7대 해병대사령관을 역임한 강기천 장군은 여군을 훈련시킨 당시의 해군신병훈련소 소장이었다.

 6·25전쟁이 발발하고 얼마 지나지 않은 7월에 제주도에 주둔하고 있던 해병대는 모슬포 1대대를 '고길훈 부대'로 명명하고 군산지역으로 이동하였다. 그리고 8월 중에는 제주도 내에서 3,000여 명의 지원자가 해병 제3·제

4기로 입대하였다. 이때 해병 제4기에 제주도의 중학교 여학생 및 여교사, 그리고 육지에서 제주도로 피란 온 여성을 포함하여 126명이 해병대에 입대한 것이다. 이들은 제주도 내의 2개 여학교(제주여자중학교와 신성학원)와 남녀공학이었던 한림중학교, 교사양성소 학생(제주여중 4년을 하고 양성소를 수료하면 교사자격증을 부여하는 제도가 있었다)과 현직 교사도 일부 있었다. 교사들은 미혼만 선발하였다.

당시 신현준 사령관은 해군에 여자군인 제도가 없기 때문에 지원하는 여학생들을 여러 번 제지하고 달랬으나 "조국 수호의 대의 앞에 남자와 여자의 차별이 있을 수 있겠는가?" 하고 적극적으로 희망하였기에 후방의 행정업무를 담당하는 것은 할 수 있을 것이란 판단 아래 그들의 입대를 허용하였다.

1950년 8월 27일부터 28일 사이에 입대하여 제주 동국민학교에 집결한 다음 신체검사와 간단한 구두시험을 거쳐, 합격된 126명은 8월 31일 제주 북국민학교에서 입대식을 가졌다. 이들은 중학교 교사 1명과 대학생 2~3명, 국민학교 교사 약 20명이 포함되어 있었고, 나머지는 여중 2~3학년생이었다.

다음날 9월 1일 제주항에서 해군함정(LST)에 승선하여 해병대의 전 병력과 함께 진해로 가게 되었다. 9월 2일 진해에 도착한 그 126명의 여성 해병들은 특별분대(중대)로서 경화국민학교에서 배소재 소위와 서정애 소위 등

2명의 해군 간호장교로부터 9월 19일까지 신병 기초훈련을 받았다. 그 후 해군 간호장교 2명은 해병대의 김성대 소위(해간 1기)와 부사관 1명(조교)의 새로운 교관으로 대체되었다.

신병교육대는 여군 신병들의 수용과 교육을 위해 별도의 내무실과 교육장, 여성 전용 화장실과 세면장 및 위생재료 등 필요한 시설물을 갖추었다.

9월 20일 해군 진해통제부로 이동하여 10월 10일까지 경화국민학교에 설치된 해군신병훈련소 특별분대(중대)에서 나머지 훈련을 받고 수료하였다. 이들은 교육기간동안 남자 해병들과 동일하게 M1소총과 카빈 소총을 휴대한 단독군장으로 제식훈련, 총검술, 사격훈련, 포복훈련 등을 받았다.

10월 10일 40여 일간의 교육을 마치고는 각자의 희망에 따라 실무배치와 귀가를 선택하였다. 이때 귀가를 희망한 51명은 계급을 부여하지 않고 귀가 조치하였으며 75명은 계급을 부여받고 실무부대에 배치되었다. 이들 중 대학교를 다녔거나 졸업한 신영희(전남대 의대 재학), 이순덕(대학교 졸업 후 서귀포여중 교사 재직), 강재삼(대학 졸업 후 서귀포국민학교 교사 재직) 등 3명은 수료와 동시에 소위 계급을 부여받았다. 또한 국민학교 교사로 재직 중 입대한 인원과 교사양성소 교육생 및 중학교 이상 졸업생은 경력과 나이 등을 고려하여 병조장(2명), 일등병조(7명), 이등병조(9명), 삼등병조(15명)의 계급을 부여받았으며 중학생 신분으로 입대한 90명은 일등수병 계급을 부여받았다.

장교로 임관한 3명 중 신영희·강재삼 소위는 해군진해병원에 배치되어 위생장교로 보직되었으며, 이순덕 소위는 해군통제부 정훈실 정훈관으로 보직되었다.

부사관 및 병사 계급을 부여받은 72명 전원은 진해 해군통제부로 전속되어 통제부 내 여자숙소에 숙영하면서 참모부서 및 직할부대 등에 배치되어 행정, 선무공작 및 정훈활동, 보급/정비, 통신, 헌병, 기계제도 등의 다양한 업무를 수행하였다. 해병대에는 단 한 사람도 배치되지 않고 전원 진해 해군통제부를 비롯한 진해의 해군 단위부대와 해군본부 등에 배치되어 근무하였다.

여자 해병은 근무한 지 한 달 보름가량이 지난 1950년 11월 23일부로 학교에 복귀하여 공부를 계속할 인원과 교사로서 학생들을 가르치겠다고 전역을 희망한 인원 등 42명이 전역하였다. 이후 장교 3명을 포함한 33명만이 현역으로 남아 계속해서 근무하였다.

이후 군에 남아 계속 복무하기를 희망한 인원들도 1951년 3월 5일 1명, 5월 10일 20명, 5월 29일 1명이 전역하여 6월 이후에는 11명만이 현역으로 복무하였다. 그리고 다시 7월 12일 8명이 전역하고 장교 2명도 1951년 8월과 12월에 전역함으로써 1952년부터 휴전까지 전쟁기간 중 이순덕 중위 1명만이 군에 남아 있게 되었다. 이순덕 중위도 진해 해군통제부 정훈실 정훈관으로 근무하다가 1955년 1월 17일 전역함으로써 여자 해병은 한 명도 남아 있지 않게 되었다. 결국 해병 제4기의 일부로서 모집이 된 그들은 그

명맥이 끊어지고 말았다.

여자 해병은 6·25전쟁 이후에도 여군으로서의 맥을 이어가는 육군과 달리 2000년까지 45여 년이라는 휴지기를 보내고 2001년에 다시 여자 장교 및 부사관을 선발하기 시작하였다.

해병대의 여군은 비록 오랜 기간 동안 그 명맥이 끊기기는 하였지만 1950년 9월 1일부로 육군 제2훈련소 예속 여자의용군 교육대가 창설하여 1950년 9월 4일부로 입대식이 실시된 육군 여군보다 6일 앞선 1950년 8월 30일에 국군 최초로 입대한 여군이었던 것이다.

진해에서 훈련을 마치고 기념 촬영한 여자 해병들

3. 해병대 계급(장)은 육군과 달랐다.

　오늘날 국군의 계급은 이병, 일병, 상병, 병장, 하사, 중사, 상사, 원사, 준위, 소위, 중위, 대위, 소령, 중령, 대령, 준장, 소장, 중장, 대장으로 구성되어 있다. 그리고 계급장의 형태도 동일하다. 그러나 창군 초기 국군의 계급 명칭과 계급장은 육군과 해군이 달랐다. 해병대는 해군에서 창설되었기에 해군의 계급을 준용하였다.

　1946년 1월 16일 남조선 국방경비대의 창설 다음날 계급장이 제정되었다. 처음에는 참위(소위)-부위(중위)-정위(대위)의 계급장만 있다가 1946년 2월 1일 채병덕 정위가 참령으로 진급했을 때에는 영관급의 계급장이 제정되지 않은 상황이라 부득이하게 정위 계급장에 무궁화 표지 1개를 더한 임시 참령 계급장을 사용하였다. 부사관은 남조선 국방경비대가 창설될 때 참교, 부교, 특무부교, 정교, 특무정교, 대입정교, 대대입정교로 구분되었다. 그러다가 미 군정청 군무국의 비숍 대령이 장교 계급장과 함께 부사관 계급장을 고안하였다. 형태는 미군 부사관의 계급장인 ∧자형을 거꾸로 놓은 V자형을 기본으로 제정되었다. 1946년 12월 1일 장교와 함께 계급구조가 변경되면서 장교는 소위·중위·대위·소령·중령·대령으로 명칭이 변경되었으며, 부사관은 하사·이등중사·일등중사·이등상사·일등상사·특무상사로 개정되었다.

그러나 창군 초기의 해군(해병대)은 육군과 계급 명칭은 물론 계급장도 달랐다. 장교 계급은 육군과 마찬가지로 대한제국기의 계급 명칭을 사용하였다. 즉, 오늘날의 위관장교에 해당하는 명칭은 참교·부교·정교, 영관장교에 해당하는 명칭은 참령·부령·정령이었다. 수병의 계급은 견습수병·이등수병·일등수병·이등병조 등이었고, 부사관은 일등병조·상등병조·병조장 순으로 올라갔다. 계급장도 달랐다. 해병대는 해군의 계급장을 준용하였다.

당시 육군 계급장의 규격은 미군 준위 계급장 크기와 같은 가로 1.5cm, 세로 4.5cm 직사각형 황동판 바탕 위에 위관은 금속제 입체형의 작은 네모꼴 은색 표지를 계급에 따라 참위는 1개, 부위는 2개, 정위는 3개씩 각각 부착하였으며, 준위는 아무런 표지가 없는 민판이었다. 해군(해병대)의 계급장은 6각형으로 되어 있었으며 참위는 1개, 부위는 2개, 정위는 3개의 6각형이 모인 형태였다. 그러던 중 당시 계급 칭호가 구한말의 것으로 시대감각에 맞지 않는다 하여 1946년 12월 1일 위관은 준위, 소위, 중위, 대위로, 영관은 소령, 중령, 대령으로 각각 개칭하고 당시 계급체계에 장성 계급을 추가하였다.

구분		기간 / 계급							
육군	장교/준사관	1946. 12. 1.~1954. 5. 14.							
		준위	소위	중위	대위	소령	중령	대령	
	병/부사관	1946. 12. 1.~1962. 4. 26							
		계급장 없음 / 이등병	일등병	하사	이등중사	일등중사	이등상사	일등상사	특무상사
해군 (해병대)	장교/준사관	1946. 12. 1.~1954. 5. 14.							
		이등준위	일등준위	소위	중위	대위	소령	중령	대령
	병/부사관	1946. 6. 1.~11. 30.							
		견습수병	이등수병	일등수병	이등병조	일등병조	상등병조	병조장	
		1946. 12. 1.~1957. 1. 6.							
		견습수병	이등수병	일등수병	삼등병조	이등병조	일등병조	병조장	
		1957. 1. 7.~1962. 4. 26.							
		견습수병	이등수병	일등수병	상등수병	이등병조	일등병조	병조장	

6·25전쟁 이후 전투복을 입는 빈도가 줄어들고 정복을 입는 빈도가 늘어나자 현용 계급장이 정복에 어울리지 않는다는 이유로 1954년 5월 15일 위관장교(소위~대위) 계급장은 금강석을 의미하는 세로 2cm, 가로 1cm의 마름모를 세운 형태로 제정되었으며, 영관장교(소령~대령)의 계급장은 중앙에 위관장교 계급장을 상징하는 마름모를 9개의 대나무 잎사귀가 둘러싼 직경 2cm의 원형 형태로 제정되었다. 이 계급장의 형태는 현재의 계급장에 포함되어 있는 무궁화 꽃과 무궁화 잎이 없는 형태였다. 그러나 크기가 너무 작아 식별하기 어렵다는 이유로 1961년 7월 1일 위관장교는 세로 3cm, 가로 1.5cm로 변경 제정되었고 영관장교는 직경 3cm로 제정되어 1980년까지 사용되었다. 장성 계급장은 동일하였다.

1962년 1월 20일에는 병역법과 군의 편성구조 등을 고려하여 법률 제 1006호로 군인사법을 제정하여 1월 25일부터 시행하였다. 이때 병은 계급이 2등급에서 현재와 같이 이등병, 일등병, 상등병, 병장으로 확립되었으며, 부사관은 하사, 중사, 상사로 3등급으로 정하였다. 1967년 병과 부사관의 정복이 별도로 제정됨에 따라 병사 계급장과 구별이 되도록 색상을 흰색 바탕에 검정색으로 변경하였고 형태는 기존 계급장 모양에 직업군인으로서의 긍지를 심어주고 단순한 계급장 형태에서 탈피하기 위해 육군은 "별"을 부착하였으며, 해군(해병대)은 닻을 부착하였다. 그러나 개정된 계급장은 복장 색상과 다르고 쉽게 더러워지는 등 미관상 좋지 않아 같은 해에 바탕색을 국방색으로 개정하였다.

그러나 아직은 해군과 해병대의 계급장과 육군의 계급장은 달랐다.

1962. 4. 27.~ 1971. 2. 24.

구분	이등병	일등병	상등병	병장	하사	중사	상사
해군 (해병대)	▬	≡	≣	∨	⩘	⩘	⩘
육군	▬	≡	≣	∨	⩘★	⩘	⩘

이후 1971년 2월 25일에 각 군의 계급장 형태가 통일되었다. 부사관은 기존의 별과 닻을 제거하고 병장 계급장 위에 V자형을 부착한 것으로 변경되었으며 주임상사만이 별과 닻을 부착하였다. 그리고 병은 현재의 계급장 형태로 개정되었다.

1975년에는 장성 계급장의 별 모양이 미국을 비롯한 외국군 계급장 형태와 동일하여 식별이 곤란해지자 한국군의 고유성이 반영될 수 있도록 무궁화 표지를 부착하여 대통령령 제7837호로 개정하였으며, 1980년 1월 9일에는 대통령령 제9713호로 영관장교와 위관장교 계급장에도 무궁화 받침이 추가되었다.

1961. 7. 1.~ 1980. 1. 8.						
준위	소위	중위	대위	소령	중령	대령
1980. 1. 9.~ 현재						
준위	소위	중위	대위	소령	중령	대령

1989년 3월 22일부터는 군인사법 개정으로 부사관의 계급구조가 3등급에서 하사, 중사, 이등상사, 일등상사의 4등급으로 변경되었다. 이에 따라 상사 계급장을 이등상사로, 이등상사 계급장에 초승달 형의 관을 씌운 형태를 일등상사 계급장으로 정하였다.

1994년 1월 1일에는 군인사법이 개정되어 사병(士兵)이라는 용어를 '하사관'과 '병'으로 구분하여 호칭하도록 하였다. 사병이 개인 병사를 의미하는 사병(私兵)이라는 단어를 연상하기 때문이다. 본래 사병은 '병'과 '부사관'을 포함하는 용어였는데, 이는 enlisted man에 NCO를 포함하는 미군의 영향이기도 하다.

1996년 10월 1일에 군인복제령이 개정되어 부사관 계급장 하단의 무궁화 좌우 잎이 달리는 형태로 변경되었다. 즉, 병장 계급장이 위치하였던 자리에 무궁화와 무궁화 잎을 배치한 것이다. 그리고 계급장 부착위치도 장교와 같이 옷깃과 어깨 견장에 부착하는 형태로 바뀌었다. 종전에는 병과 같이 왼쪽가슴에 부착하였다. 그러나 야전상의에는 종전과 같이 양팔에 부착하였다.

2001년 3월 27일부터는 '하사관'에서 '부사관'으로 명칭이 바뀌었다. 이어 2002년 9월 1일부터 하사의 '임용'이 '임관'으로 용어가 바뀌었다.

장교를 다른 말로 사관이라고 한다. 따라서 장교 아래에 있다고 '하사관'이라고 호칭하였던 것이다. 그러나 사장, 부사장, 담임, 부담임처럼 장교를 도와주는 사람으로 인식하게 하고 처우도 개선하기 위하여 '부사관'으로 호칭을 변경하게 된 것이다.

2016년 2월 23일에 군인복제령이 개정되어 부사관 계급장 하단의 무궁화 좌우 잎이 각각 2개에서 3개로 변경되었다. 즉, 중앙의 무궁화와 좌우 무궁화 잎 부분이 장교 계급장과 동일한 형태로 개정되었다.

1996년 10월 1일~ 2016년 9월 30일			
하사	중사	상사	원사
2016년 10월 1일~ 현재(무궁화잎 3단 변경)			
하사	중사	상사	원사

4. 해병대의 대표군가는 "나가자 해병대"다.

육군을 대표하는 군가는 '육군가'다. 해군을 대표하는 군가도 '해군가'다. 공군을 대표하는 군가도 '공군가'다. 그럼 해병대를 대표하는 군가는 무엇일까?

해병대를 대표하는 군가는 '나가자 해병대'인가, 아니면 '해병대의 노래'인가? '해병대의 노래'는 한때 '해병대가'로도 불리면서 해병대를 대표하는 군가였던 때도 있었다. 그러나 해병대를 대표하는 군가는 '나가자 해병대'이다.

해병대에서는 이 군가를 부를 때 기립해서 차렷 자세로 부른다.
그러나 1990년대 중반에 해병대를 대표하는 군가를 '나가자 해병대'가 아닌 '해병대의 노래'로 변경하였다가 다시 '나가자 해병대'로 변경하는 바람에 그 당시에 근무했던 사람들은 '해병대의 노래'를 해병대 대표군가로 인식하여 '나가자 해병대'를 부를 때 앉아서 박수를 치거나 환호성을 지르는 경우가 있다. 잘못된 것이다. 해병대 출신이라면 반드시 기립해서 차렷 자세로 정중하게 예의를 갖춘 상태에서 불러야 한다.

1990년대 중반부터 한동안 해병대의 대표군가로 불리던 '해병대의 노래'. 그러나 해병대의 대표군가는 1952년에 작사 작곡된 '해병대의 노래'가 아니라, 1949년에 작사 작곡된 '나가자 해병대'이다.

해병대를 상징하는 대표적인 군가인 '나가자 해병대'는 1949년 5월에 작사 작곡된 해병대 최초의 군가이다. 이 군가는 신영철(해병 1기로 복무 후 해간 7기로 임관)이 작사하고, 김형래가 작곡하였다. 신영철은 해병 제1기로 입대하여 신병교육대에서 제2중대 제2소대에 편성되었다. 그는 입대 전 장미악극단에서 독립운동에 관한 무대극본도 썼고, 고려영화사에서는 조감

독으로도 활동하였다. 신영철의 그러한 이력과 재능을 알게 된 소대장 강복구 중사(예비역 대령)가 우리 해병대에도 군가가 있어야 되겠다는 생각에서 가사를 만들어 볼 것을 제의한 것이 직접적인 계기가 되었다.

2절로 된 가사가 만들어지자 강복구 중사(예비역 대령)는 지휘계통을 통해 해병대사령부에 제출하였다. 해병대사령부에서는 참모장 김성은 중령(제4대 해병대사령관, 전 국방부장관)을 위원장으로 하는 군가제정위원회를 구성하여 대내외에 가사를 공모하는 절차를 거쳐 결국 가장 우수한 작품으로 선정된 신영철의 가사를 당선작으로 선정하였다. 그리고 심의 과정에서 가사의 일부를 수정하고 3절을 추가로 만들어 최종적으로 확정하였다.

신영철은 1947년 월남 이후 방송국에서 대북방송 관련 업무를 담당하였다. 방송 일을 계기로 고려영화사, 장미악극단 등의 영화사에서 조감독으로도 근무하였다. 이때 김형래를 만나게 되었다.

가사가 완성되자 해병대사령부에서는 신영철의 건의로 수도경찰청 군악대장으로 근무하고 있는 김형래에게 의뢰하여 작곡을 하였다. 김형래는 영화배우 김진규의 삼촌이다. 이후 두 사람은 독립운동을 주제로 한 극본을 쓰고 연출하며 영화계에서 왕성하게 활동하였지만 여러 사유로 인해 극단이 해체되었다. 이후 신영철은 해병대에 입대하였고, 김형래는 경찰에 입대하여 수도경찰청 군악대장으로 근무하였다.

이렇게 완성된 "나가자 해병대"는 해병대를 대표하는 군가가 되었으며, 해병대 출신들은 이 노래를 부를 때면 반드시 기립하여 차렷 자세를 하고 정중하게 예의를 갖추고 부른다.

곡명이 시사하듯 씩씩하게 나아가는 전진적인 기상이 넘쳐흐르는 이 군가는 제1절에서는 충무공의 순국정신을 계승하여 국토 통일에 힘차게 진군할 것을 다짐하고, 제2절에서는 청룡과 맹호라는 두 낱말로써 바다와 육지에서 싸우는 해병대의 주 임무와 투혼을, 그리고 제3절에서는 어떠한 일이 있더라도 해병의 끓는 피로 통일에 앞장서고야 말겠다는 통일에 대한 굳건한 의지를 강조했으며, 후렴에서는 전진하는 그 방향과 목적의식을 천명했다.

모든 해병들은 이 노래를 부르며 천지를 진동하며 두려움을 모르고 노도와 창파를 헤치고 나가는, 바람 부는 험산을 달리며 싸워서 이기고 지면 죽는 해병 혼을 불러일으키고 있다.

한편 "해병대의 노래"는 "광복절의 노래", "보리밭" 등을 작곡한 우리나라 대표 작곡가 윤용하가 작사한 곡이다. 윤용하가 6·25전쟁 당시 종군작가로 활동할 당시 만든 곡으로 알려져 있다. 하지만 정확한 기록이 남아 있지 않아 정확한 제작 시기와 목적 등은 명확하지 않다. 다만 과거 해병대에서 제작한 LP 음반에 작사가와 작곡가에 대한 기록은 남아 있어 그것을 근거로 확인할 수 있다.

총 3절로 구성된 "해병대의 노래"는 바다에서 적진을 향하는 해병대의 주 임무인 상륙작전과 조국의 하늘과 땅과 바다를 수호하는 해병대의 임무를 표현하고 있다.

1949년에 작사 작곡된 해병대 대표군가 '나가자 해병대'. 해병대 출신들은 이 노래를
부를 때 반드시 기립하여 차렷 자세를 하고 정중하게 예의를 갖추고 부른다.

5. 팔각모는 미 육군에서 시작되었다.

해병대의 상징 중 하나가 팔각모이다. 1980년에 홍승용 작사 김강섭 작곡의 '팔각모 사나이'라는 군가는 팔각모가 빨간 명찰과 더불어 해병대를 상징하는 대표적인 것임을 나타내고 있다.

> 팔각모 얼룩무늬 바다의 사나이
> 검푸른 파도타고 우리는 간다
> 내 조국 이 땅을 함께 지키며
> 불바다 헤쳐간다 우리는 해병
> 팔각모 팔각모 팔각모 사나이
> 우리는 멋쟁이 팔각모 사나이

그럼 팔각모는 어떻게 해서 한국 해병대가 착용하게 되었을까? 대부분의 사람들이 생각하는 것처럼 미국으로부터 도입한 것이 맞다.

그런데 팔각모의 유래는 일반적으로 생각하는 것과 많이 다르다. 팔각모를 최초로 착용하기 시작한 것은 미 육군이기 때문이다. 미 육군은 민간에서 사용하던 작업모와 유사한 팔각 작업모를 1941년부터 착용하였다(M1941 Field Cap). 그러나 이 팔각모는 면 재질이 너무 얇아 쉽게 구겨지는 등 모양이 볼품없었다. 그래서 이를 개선하여 1943년부터는 좀 더 두꺼운 천으로 개선된 팔각모를 착용하기 시작하였다. 미 해군도 이 모자를 채택하여 미 해군의 육상부대와 미 해병대에 지급했다. 미 해병대는 이 모자의 정면 중앙에 해병대의 문양을 찍어서 사용했다. 그러나 육군용 팔각모는 뾰족한 부분이 정면을 향하고 있어서 해병대처럼 문양을 찍기가 불편했다. 미 해군은 1944년 팔각모의 평평한 부분이 정면을 향하도록 디자인을 개선하여 M1944 전투모(M1944 Field Cap)로 제식화했고, 1945년부터는 각급부대에 이 전투모를 지급했다.

왼쪽 사진의 초기 육군의 팔각모(M1941 Field Cap)는 뾰족한 부분이 정면을 향하고 있었다. 그러나 미 해군은 평평한 부분이 정면을 향하도록 디자인을 개선(M1944 Field Cap)하였다.

이후 미 육군과 공군은 1951년에 기존의 팔각모를 폐지하고 모자의 윗부분이 원통형인 M1951 작업모로 전투모를 변경하였다. 그러나 미 해군과 해병대는 M1944 작업모를 계속 사용하였다.

즉, 팔각모는 본래 미 육군에서 시작하여 나중에는 전군 공통 통합모로 착용하던 모자이고, 1951년에 미 육군에서는 팔각모를 폐지했지만 미 해군과 해병대, 해안경비대는 지금까지 계속 팔각모를 써오고 있는 것이다.

미 해병대는 팔각모에 상징을 부여하였다.

제2차 세계대전 당시 미 해병대는 태평양전쟁에서 일본과 치열한 혈투 끝에 승리한 이오지마전투(유황도전투)의 상징성을 부여한 것이다. 미 해병대가 팔각모를 착용하는 이유는 이오지마전투에서 7번의 상륙작전을 실패하고 8번째 상륙작전에 성공함으로써 그 '8'이라는 숫자를 계승하고 상기하며 기억하기 위한 것이라는 것이다. 이오지마전투의 승리는 미국이 제2차 세계대전 중 태평양 전쟁의 종지부를 찍는 데 결정적인 요인으로 작용하였다. 미 해병대가 이오지마 상륙작전에서 승리함으로써 일본은 제2차 세계대전에서 패망의 길로 접어들었기 때문이다.

그럼 대한민국 해병대는 언제부터 팔각모를 착용하기 시작했을까?

국군에서 최초로 팔각모를 착용한 것은 해병대가 아니라 공군이었다. 그러나 지금은 착용하고 있지 않다. 공군은 창군 당시부터 국방색의 팔각모를 착용하였다. 이후 1971년 2월에 대통령령 제5538호(1971. 2. 25. 전부

개정) "군인복제"에 따라 전투모가 해병대를 제외한 육·해·공군 통일 제식으로 제정되어 팔각모 착용이 폐지되었다. 해병대가 팔각모를 정식으로 채택한 시기에 대한 기록은 남아 있지 않다. 다만 신현준 초대 해병대사령관이 1952년 장단지구 전선 시찰 시 팔각모를 착용한 사진기록을 근거로 판단했을 때 해병대는 6·25전쟁 중에 팔각모를 착용한 것으로 추정된다.

1952년 10월 장단, 사천강지역의 해병 제1전투단 방문 시 팔각모를 착용하고 있는 신현준 초대 해병대사령관(왼쪽 첫 번째). 제5대대장 강기천 소령, 해병 제1전투단장 김성은 대령, 중대장 박광원 중위(우측부터)

대한민국 해병대는 팔각모에 담긴 뜻을 다음과 같이 정의한다. 미 해병대가 이오지마전투의 승리에 대한 의미를 부여하고 있듯이 우리 해병대도 비록 미 해병대를 통해 팔각모를 도입하였지만 채택 이후에는 나름의 의미를 부여하고 있다.

팔각모는 신라시대의 화랑도 정신인 세속오계(世俗五戒)와 세 가지 금기(禁忌)를 포함하며 팔계(八戒)의 뜻을 가지고 있다.

- 팔각모는 팔각(八角)의 의미와 팔극(八極)의 의미를 함축하고 있다.
- 팔극(八極)의 의미: 지구상 어디든지 가서 싸우면 승리하는 해병대임을 상징
- 팔각(八角)의 의미: 화랑도 정신인 오계(五戒)와 세 가지 금기(禁忌)를 표현

① 국가에 충성하라(事君以忠)

② 부모에 효도하라(事親以孝)

③ 벗에게 믿음으로 대하라(交友以信)

④ 뜻 없이 죽이지 말라(殺生有擇)

⑤ 전투에 후퇴하지 말라(臨戰無退)

⑥ 욕심을 버려라(禁慾)

⑦ 유흥을 삼가라(愼遊興)

⑧ 허식을 삼가라(愼虛飾)

- 팔각의 중심점은 지휘관을 중심으로 하여 여덟 가지 해병대의 길을 가리키고 있다.

① 평화의 독립수호

② 엄정한 군기

③ 희생정신으로 국가에 헌신

④ 가족적인 단결도모

⑤ 적에게 용감

⑥ 긍지와 전통

⑦ 불굴의 투지

⑧ 필승의 신념으로 승리 쟁취

그런데 우리나라에서 팔각모는 일반적으로 해병대만 착용하는 것으로 알려져 있지만 실제로는 해군의 특수부대에서도 착용하고 있다. 즉, 해군의 UDT/SEAL이나 심해 잠수사들인 해군 SSU와 국군정보사령부 예하의 UDU에서도 팔각모를 착용하고 있다. 육군의 유격이나 사격조교 등이 피교육생들과의 차별화를 위해 착용하기도 한다.

| 베트남전쟁 당시 팔각모 | 큰파도무늬 팔각모 (사제품) | 민무늬 팔각모 | 3군 통합위장무늬 팔각모 | 현재의 해병대 팔각모 |

6. 천자봉은 천자봉이 아니다.

해병대 창설 이후 해병대의 모든 구성원들은 천자봉 행군을 경험한다. 천자봉을 정복하지 않은 해병은 없다. 그들은 천자봉 정복을 통하여 해병으로서의 자긍심과 해병으로서의 각오를 다짐하고 있다.

1945년 8월 제2차 세계대전이 끝나면서 일제로부터 광복을 맞이한 우리나라는 국군의 창설을 위해 노력하였다. 1945년 11월에 해군이 창설되고 1946년 1월에는 육군이 창설되었다. 1949년 4월에는 해병대도 창설되었으며 이어서 10월에는 공군도 창설되었다. 해군은 창설 이후 신병교육과정에서 천자봉을 뛰어 올라가는 훈련을 했으며 이는 이후에 천자봉 행군으로 바뀌었다. 천자봉 행군은 해군의 사관생도, 사관후보생, 부사관후보생 등의 양성과정에도 도입되었다. 즉, 해군의 모든 구성원들이 천자봉 행군을 경험하게 된 것이다. 그리고 해군에서 태동한 해병대도 천자봉 행군을 하게 되었다.

해병대는 해병 제1기 신병수료식이 거행된 날 신현준 사령관 이하 전 장병이 해병 제1기의 수료를 기념하기 위해 천자봉을 등반하였다. 이후 1949년 8월 하순경에 해병대의 주력부대가 진주로 이동한 데 이어 12월 말경에는 해병대의 전 병력이 제주도로 이동하게 됨으로써 천자봉 행군은 중단되었다. 그러나 6·25전쟁이 발발하여 경남 창원시 진해에 해병교육단이 창설되면서 다시 천자봉 행군을 하게 되었다. 해병대는 신병훈련소를 비롯하여 하사관학교와 해병학교 등 각 교육기관에서 '천자봉 구보'를 필수과목으로 편성하여 모든 피교육자들로 하여금 수시로 등반하게 함으로써 천자봉의 기상과 웅지를 영혼과 육체 속에 배양하는 도장이 되게 하였다.

이 천자봉에는 여러 전설이 전해져 오고 있다.

옛날 천자봉 연못의 이무기가 용(龍)이 되지 못하자 마을 사람을 못살게 굴었다고 한다. 이에 염라대왕이 이무기에게 용 대신 천자(天子)가 되라고 권하여 이무기는 연못 아래 백일마을의 주 씨 가문 아기로 태어났다고 한다. 이 아기가 훗날 중국으로 건너가 명나라 태조인 주원장이 되었다는 비교적 짧은 이야기가 있는 반면 다음과 같은 전설도 전승되고 있다.

옛날 웅천고을의 용산 기슭에 주(朱) 씨 성을 가진 늙은 부부가 살고 있었다고 한다. 어느 날 한 도승이 근처를 지나다가 서기(瑞氣)가 오르는 것을 보고 이상하게 여겨 그곳으로 찾아가 한 칸 움막집에 살고 있는 나이 칠십이 다 된 늙은 부부에게 "이 집에서 불원간 귀공자가 나서 후일 세상에 나올 것이요.”라고 말하고는 가버렸다는 것이다. 그 뒤 이상하게도 이 늙은 부인이 임신하여 사내아이를 낳아 이름을 주원장(朱元璋)이라고 불렀다고 한다. 친족이나 이웃사람들은 늙은 부부를 가엾게 여겨 옷과 쌀을 주어 조석을 먹게 하였다. 주원장이 다섯 살이 되었을 때 그 전의 도승이 와서 말하기를 “이 아이는 이렇게 가난한 집에 있을 인물이 아니다.”라고 말하고는 주원장을 데리고 가 버렸다고 한다. 주원장은 총명하여 학문에 뛰어나서, 열다섯 살이 되었을 때 절을 나와 여러 곳을 두루 편답한 뒤 환속하여 군대의 장수가 되었다고 한다. 이 사람이 뒷날 명나라의 태조가 되었다는 것이다.

또 다른 전설로는 함경도 사람 이(李) 씨가 하인 주(朱) 씨를 데리고 명당을 찾으러 천자봉에 올랐는데, 바다에서 반인반어(半人半魚)의 괴물이 나타나 “바다 속에 굴이 둘 있는데 오른쪽 굴이 천자가 태어날 명당이다.”라고 점지해 주었다고 한다. 이 말을 들은 주 씨는 욕심이 나서 자기 선친을 오른쪽에 묻고 주인 이 씨의 유골을 왼쪽에 묻었다는 것이다. 그래서 주 씨 가문에서는 명나라 태조 주원장이 태어났고, 이 씨 가문에서는 조선 태조 이성계가 태어났다고 한다. 현재 웅천지방에 살고 있는 주 씨들이 바로 그 후손들이라고 한다.

즉, 중국 명나라의 천자인 주원장이 태어나서 천자봉이라는 명칭으로 불리는 것 같은데, 이상하게도 등산로 입구에는 ‘시루봉의 전설’로 기록되어 있다. 시루봉에서 천자가 태어났다는 것인가? 좀 이상하다.

그런데 이 고장에서 말하는 이 같은 전설을 지니고 있는 천자봉과 우리

시루봉의 유래와 전설을 안내해주고 있는 안내판. 중국의 천자가 태어나서 천자봉일 텐데, 시루봉에서 중국의 천자가 태어났다고 기록되어 있다. 좀 이상하다.

해병들에 의해서 인식되고 있는 천자봉은 비록 같은 연봉이긴 하나 동일한 것은 아니다. 왜냐하면 해병들이 훈련 시에 오르내린 천자봉은 산상에 커다란 시루모양의 바위가 있어 시루봉이라고 부르는 바로 그 봉우리를 말하는 것으로, 전설 속의 그 천자봉은 시루봉 뒤쪽에 위치하고 있는 산봉우리이기 때문이다.

이정표를 보면 시루봉과 천자봉이 다른 위치임을 알 수 있다.

이러한 전설과 함께 예부터 천자봉이라고 불려왔던 봉우리는 만장대라고 하는 그 봉우리(일명 병산)를 일컬었다고 하는데, 어느 때부터인지 산상에 떡시루 형상의 거대한 바위가 내려앉아 있는 시루봉(△620)을 천자봉으로 착각하여 그렇게 불러왔다고 한다.

왼쪽 사진이 시루봉이다. 오른쪽 사진은 천자봉이다. 그런데 해병대는 시루봉을 정복하고 천자봉을 정복한 것으로 기억하고 있다. 해군도 마찬가지다.

1973년 9월 15일 해병교육기지사령부가 해체되자 구심점을 잃은 해병들은 4시간(240분) 내 실시하던 천자봉 구보(18km)를 170분 내에 뛴다는 슬로건으로 극기해 가며 해병혼의 발상지인 천자봉을 정복하였다. 그리하여 창설 초기부터 해병들의 발에 닳고 피와 땀에 얼룩진 천자봉은 신병 517기와 하후생 173기까지 35년 동안 어떠한 곤경에서도 이겨낼 수 있는 인내심과 강인한 체력 및 싸우면 반드시 승리해야 한다는 확고한 필승의 신념을 몸소 체험하게 하고 상승해병의 빛나는 전통을 계승할 수 있는 능력을 부여하였다.

이후 1985년 교육제도 변경에 따라 경남 창원시 진해에서 경북 포항으로 이전함에 따라 경남 창원시 진해에 위치한 천자봉은 해군만의 천자봉이 되었다.

그러나 1964년 10월에 입대했던 해병 제158기 신병들이 그들의 수료를 기념하기 위하여 봉우리 아래 부위에 돌 조각을 주워 모아 한자씩 떼어서

한 평 남짓한 크기로 '해병혼'이라는 세 글자를 조형해 놓았다. 이 글자는 아직도 또렷하게 잘 보인다.

이후 해병대는 천자봉의 혼을 계승 발전시키기 위하여 포항지역 내 지역 정찰을 통해 경북 포항시 남구 대송면 대각동에 위치한 해발 471고지 운재산 정상 9부 능선에 있는 대왕암(大王岩)이 경남 진해의 천자봉과 지형이 비슷함을 발견하고 제2의 천자봉으로 명명하였다. 그리고 신병 518기 (1985. 2. 25. 입대)와 하후생 174기(1985. 2. 18. 입대)부터 다시금 해병대의 역사와 전통이 살아 있는 천자봉 정복을 통하여 해병대로서의 자긍심과 해병으로서의 각오를 다짐하고 있다.

1985년 이후부터는 경북 포항의 운재산에 위치한 대왕암을 정복하며 '천자봉 정복훈련'을 실시하고 있다. 이러한 전통은 해병대의 전통으로 이어져야 한다.

이 대왕암은 신라시대 자장법사와 원효대사가 오어사에서 수도하다가 구름을 타고 이 바위 위에 올라와 바둑을 즐겼다는 전설을 가지고 있다.

제3장 symbol
해병대의 상징은?

1. 해병대의 빨간 명찰은 어떻게 만들어졌나?

국군장병들 중에 빨간 명찰을 달고 있는 군인들은 해병대뿐이다. 군복 상의 오른쪽 가슴 부위에 빨간색 바탕에 노란색 글씨의 이름이 새겨져 있는 이 명찰을 달고 있는 군인을 보면 누구나 저 군인이 해병대원이라는 것을 쉽게 알 수 있다. 즉, 해병대를 상징하는 것 중의 하나가 빨간 명찰이기 때문이다.

그렇다면 이 빨간 명찰은 어떠한 내력을 지니고 있는 것일까?

이 빨간 명찰은 미 해병대의 칼라 문화를 모방하여 만든 독특한 제품이다. 한국 해병대가 빨간색과 노란색으로 구성된 미 해병대의 상징적인 색깔을 처음 본 것은 6·25전쟁 때였다. 그리고 그 색깔 문화를 우리 국내에서 직수입하여 명찰과 군기(軍旗) 등을 새로이 제작하고 부대의 간판을 비롯한 각종 표지물을 빨간 바탕에 노란 글씨를 사용하여 제작하기 시작했던 시기는 휴전 직후부터였다.

한국 해병대는 6·25전쟁 당시 한창 전투가 치열하던 1950년 8월에 미 해병 제5연대와 '김성은 부대'가 진동리(현재의 경상남도 창원시 마산합포구 진동면 진동리)에서 미 육군 제25사단에 배속되어 킨(Kean) 특수임무부대의 반격작전에 참가한 일이 있었다. 그러나 그때는 서로 부여받은 임무가 달랐고, 또 직접 배속된 관계가 아니었으므로 직접적인 교류는 없었다.

이후 한국 해병들이 미 해병대와 직접적인 교류를 하게 된 것은 제주도에서 편성된 3개 대대의 병력이 인천상륙작전에 참가하기 위하여 9월 6일 진해로부터 부산항 부두에 도착하여 동래에 있는 육군사격장에서 미 해병 제5연대 부사관들의 사선 통제와 지도하에 몇 발씩의 실탄 사격을 한 바로 그 시기였다.

1953년 7월에 전쟁이 끝나고 휴전이 된 후 부대 정비가 이루어지는 단계에 도달하자 전쟁기간 중에 한국 해병들에게 깊은 인상을 주었던 미 해병대의 색깔 문화를 도입하였다. 그리하여 전시에는 확보하기가 쉽지 않았던 빨간색과 노란색 페인트를 확보하여 모든 부대의 간판과 교장 및 훈련장의 표시물들을

신병 훈련 시 극기주 훈련이 끝나고 빨간 명찰 달아주는 교관

빨간 바탕에 노란 글씨로 제작하였다. 그리고 그 두 가지 색깔로 명찰을 제작하여 모든 장병들이 달도록 한 것이다.

해병대는 빨간 명찰의 바탕색인 진홍색과 글자의 색인 황색에 나름의 의미를 부여하고 있다. 빨간 명찰의 바탕색인 '진홍색'은 피와 정열, 용기, 신의 그리고 약동하는 젊음을 조국에 바친 해병대의 전통을 상징한다. 즉 피와 정열을 상징하는 것이다. 글자의 색인 '황색'이 의미하는 것은, 해병대는 신성하며 해병은 언제나 예의 바르고 명랑하며 활기차고 땀과 인내의 결정체임을 상징한다는 것이다. 즉, 땀과 인내를 상징하는 것이다.

해병대에서는 오른쪽 가슴에 빨간 명찰을 달 수 있을 때 비로소 해병대의 일원이 되었음을 인정받게 된다. 그만큼 빨간 명찰은 해병대 장병들에게 단순히 자신의 이름을 나타내는 표식물이 아니라 '아무개 해병'이라는 해병대에 소속된 한 일원으로서 책임과 의무를 다하라는 명령인 동시에 징표인 것이다.

빨간색 바탕, 노란색 글씨의 해병대 명찰

그런데 해병대의 빨간색을 '진홍색'이라고 하는데, 오히려 '선홍색'이라고 하는 것이 적절하지 않을까?

2. 해병대 마크는 누가 만들었나?

차량의 뒤에 해병대 마크를 부착하고 다니는 사람들이 있다. 그러나 육군, 해군, 공군의 마크를 달고 다니는 차량은 본 적이 없는 것 같다. 도대체 해병대 출신들이 그토록 사랑하는 이 마크는 어떻게 탄생했을까?

1949년 4월 15일에 경남 창원시 진해의 덕산비행장에서 창설된 해병대가 진주로 파견 결정이 내려졌다. 신현준 해병대사령관은 1949년 7월 중순 경에 신병교육대를 수료한 해병 제1기로 편성한 2개 중대(1중대와 5중대)와 8월 초에 창설된 하사관교육대(약 50명)로 파견부대를 편성하고 참모장 김성은 중령을 부대장으로 임명하였다. '김성은 부대'는 8월 29일에 진주로 출동하였다. 이 당시 신현준 초대 해병대사령관은 임무 교대에 따른 협의와 지형 정찰 등을 위해 보급관 홍정표 소위와 하사관교육대 소대장 강복구 상사 등을 진주로 보내어 육군부대(제16연대의 1개 대대병력) 본부가 있는 진주사범학교와 진양 군청을 방문하게 하였다. 그리고 그처럼 촉박한 일정 속에서도 남모르게 진주 파견부대의 마크를 고안하여 참모들에게 보여주었던 것이다. 해군의 상징 마크인 앵커(닻)를 해병대의 상징 마크로 여기고 있었을 뿐 독자적인 마크에 대한 생각은 하지 못하고 있던 시기에 신현준 초대 해병대사령관이 X자형으로 세워진 두 개의 총대와 총대가 교차된 부분의 아래쪽에 앵커를 그려 넣어 해군의 육전부대를 상징하였던 것이다.

해병대기념관의 해병대 창설자 명단에 새겨져 있는 해병대 마크들.
빨간 원으로 표시한 부분의 왼쪽은 1949. 4. 5~1950. 7. 16까지, 오른쪽은 1950. 7. 16~1951. 8. 1까지, 가운데가 1951. 8. 1부터 현재까지 사용하고 있는 해병대 마크다.

그 후 신현준 초대 해병대사령관이 고안했던 마크는 일부 장병들이 외피가 없는 그들의 철모 앞부분에 하얀색 페인트나 먹으로 그려서 붙이고 다녔을 뿐 지금의 해병대 마크가 제정될 때인 1951년 가을까지 해병대 마크의 존재는 그다지 알려지지 않았었다. 그러나 해병대사령부에서는 해병대 창설 15주년이 되던 1964년에 덕산비행장 기지 내의 동네산(△43)에 '해병대 발상탑'을 건립할 때 탑신 꼭대기에 주조된 그 마크를 올려 부착시켜 둠으로써 실재했던 그 마크의 역사성을 기념할 수 있게 되었다.

용맹성을 상징하는 독수리와 육전을 뜻하는 별과 바다를 상징하는 닻으로 된 해병대의 심벌마크가 고안된 시기는 1951년 봄철이었다. 이 심벌마크의 고안을 계획했던 부대는 해병학교였으며, 이 마크의 고안을 제안했던 사람은 해병학교의 교재과장 겸 교관으로 근무하고 있던 탁한관(卓漢琯) 소위였다.

탁한관 소위는 일본 도쿄의 주오대학(中央大學) 3학년에 재학 중 해방이 되어 귀국한 이후 진주농업학교에서 교편생활을 하였다. 그는 6·25전쟁이 발발하자 해간 제4기로 입대하였으며 교재과장 부임 직후 해병학교의 기관지인 『해병의 벗』을 창간하였다.

해병대 마크를 모집하기 위해 당시 해병대사령부에서는 각급 부대의 공모 과정을 거쳐 해병대 마크를 모집하였으나 당선작으로 선정할만한 작품이 없어 결국 독수리와 지구와 닻으로 된 미 해병대의 마크를 모방(중앙부위의 지구를 별로 대체)하였던 것이다.

당시 해병학교에서 고안했던 이 마크가 해병대의 심벌마크로 제정이 된 것은 1951년 6월 초순 경 초도순시 차 해병학교를 방문한 사령부 참모장 김성은 대령의 관심을 끌었기 때문이었다. 해병학교를 방문했을 때 학교 정문 밖의 대형 입간판에 그려져 있는 그 마크에 마음이 끌렸던 참모장 김성은 대령은 학교 현관의 벽면 게시판에 붙여 놓은 공모된 작품 중에서 정문 밖에 있는 입간판에 그려져 있는 그 마크의 원 도안을 해병대사령부로 가지고 갔다. 그리고 공식적인 논의를 거쳐 해병대의 심벌마크로 제정하였다. 해병학교에서 그 마크를 도안하고 교문 밖의 입간판에 그려놓은 사람은 인천중학교 5학년 때 해병 제6기 신병으로 입대하여 교재과에서 교관들의 교안이나 교재를 차트에 옮겨 쓰는 일을 맡고 있던 이홍주라고 하는 해병이었다.

한편 해병대의 심벌마크가 제정되자 해병대사령부 군수국에서는 그해 겨울에 장병들의 옷깃에 부착하기 위한 철제 소형 마크를 대량으로 제작하여 전후방 해병부대에 공급했으며 정모에 부착할 마크도 별도로 제작하였다.

해병대에서 마크를 제작하자 해군총참모장 손원일 제독은 "우리 해군도 마크를 제정해야겠다."라고 말했다고 한다. 그때까지 해군이나 해병대에서는 대부분의 나라가 사용하는 만국 공통의 마크나 다름없는 닻을 마크로 사용하고 있었기 때문이다.

한국 해병대가 미국 해병대의 마크를 모방하게 된 이유는, 상륙작전을 주임무로 하는 양국 해병대의 역할이 동일하고 전쟁 중에 맺게 된 형제 해병으로서의 상호 협력과 군건한 제휴를 소망하는 뜻이 담겨 있기 때문이다.

해병대에서 사용하고 있는 마크는 리본('정의와 자유를 위하여'), 독수리, 별, 닻 등 네 부분으로 구성되어 있으며 모표는 리본이 생략된 세 부분으로 되어 있다. 마크의 각 부분이 상징하는 의미는 다음과 같다.

- 리본 : 독수리가 입에 물고 있는 리본에 적힌 '정의와 자유를 위하여'는 해병대가 존재하는 목적을 나타낸 글귀로서 내 한 목숨을 해병대라는 조직과 조국에 바친다는 의미이다.
- 독수리 : 용맹성과 승리의 상징으로 민족과 조국의 수호신이면서 전장에서 승리의 불사신이기를 갈망하는 해병대의 기상을 의미한다.
- 별 : 지상전투를 상징하기도 하는 별은 조국과 민족의 생존을 위한 국방 의무의 상징으로 조국과 민족을 지키는 해병대의 신성한 사명을 나타낸다.
- 닻 : 해양 또는 해군을 상징하기도 하는 닻은 배를 일정한 곳에 머물러 있게 하기 위하여 만들어진 갈고리이다. 기울어져 있는 모양의 닻은 함정이 정박 또는 정선함으로써 해병대 고유의 임무인 상륙작전을 개시하는 것을 의미한다.

해병대 발상탑에 올려 있는 초기 해병대 마크와 현재의 해병대 마크

3. '무적해병'은 언제 탄생했나?

　'무적해병'이라는 단어는 해병대를 대표하는 애칭 중의 하나이다. 이 단어는 이승만 대통령이 해병대에 하사한 휘호로 알려져 있다. 즉, 이승만 대통령이 1951년 6월 중동부전선의 격전지였던 도솔산전투 전적지를 시찰하면서 해병대 제1연대(연대장 김대식 대령)의 도솔산전투 승리를 격려하며 부대 표창을 수여하고 '무적해병'이라는 휘호를 하사했다는 것이다.

1951년 6월, 이승만 대통령이 해병대의 도솔산전투지역을 시찰하는 모습. 그리고 이때 하사한 것으로 알려진 '무적해병' 휘호. 대부분의 자료에는 위의 두 사진을 함께 배치하고 있다.

도솔산전투는 해병대 7대 전투 중의 하나로 6·25전쟁 중 중동부전선의 미 해병 제1사단에 배속된 한국 해병 제1연대가 1951년 6월 4일부터 20일까지 강원도 양구 북동방 25km에 위치한 도솔산(△1148)에 강력한 방어진지를 구축하고 있는 북한군 제12사단 및 제32사단에 커다란 타격을 입히고 24개의 공격목표를 점령한 전투이다.

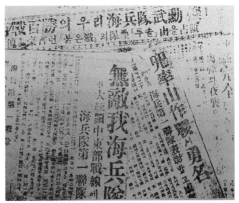

1961년 해병대사령부에서 발간한 『해병발전사(해병12년사)』에 실려 있는 사진. 당시 각종 언론에서 해병대의 도솔산 전투를 보도한 사진이다. '無敵我海兵隊'(무적아해병대)라는 표제가 보인다. 그러나 이 신문이 어떤 신문인지는 밝히고 있지 않다.

한국 해병대 제1연대는 24개의 공격목표를 차례로 탈환하여 도솔산에서 대우산으로 연결되는 산악지역을 확보함으로써 교착상태에 빠진 전선의 활로를 개척하였다. 펀치 볼을 감제하는 도솔산의 확보는 이후의 공격작전을 위한 발판을 제공한 전투였으며, 해병대가 야간작전에 대한 자신감을 갖게 한 전투였다.

이 전투 이후 이승만 대통령이 도솔산전투 전적지를 방문하고 격려했다는 것이다. 그런데 전투 직후인 6월이 아니라 8월이었던 것이다. 그리고 일반적으로 알고 있는 '무적해병'에 대한 내용도 많은 차이가 있다.

1951년 8월 24일자 『자유민보』에 의하면 8월 22일에 이승만 대통령이 도솔산지구 전적지를 방문하였으며, 해병대 제1연대에 표창장을 수여했다고 보도하였다. 이 신문에는 "無敵我海兵隊"(무적아해병대)라는 표제 하에 '이 대통령 중동부전선에서 해병대 제1연대를 표창'이라는 부제로 이승만 대통령의 방문 내용과 표창장의 내용을 함께 보도하고 있다. 그러나 이 신문에 실려 있는 표창장 내용과 방문 내용에는 이승만 대통령이 '무적해병'이라고 했다는 내용이 없다. 단지 신문의 표제에 그렇게 썼을 뿐이다.

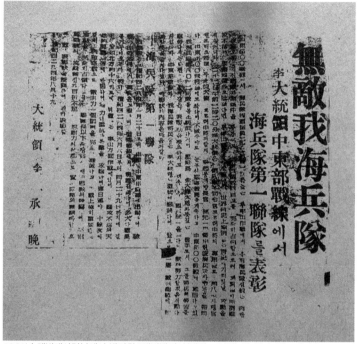

1961년 해병대사령부에서 발간한 『해병발전사(해병12년사)』에 실려 있는 사진은 1951년 8월 24일자 『자유민보』라는 신문이다. 이 신문에는 "무적아해병대"라는 표제 하에 '이 대통령 중동부전선에서 해병대 제1연대를 표창'이라는 부제로 이승만 대통령이 8월 22일에 도솔산전투지역을 방문하고 해병대 장병들을 격려하면서 부대 표창을 수여하였다고 보도하고 있다. 그러나 이승만 대통령이 '무적해병'이라고 언급했다는 내용은 없다.

보도 내용은 다음과 같다.

무적아해병대
이 대통령, 중동부 전선에서 해병대 제1연대를 표창

[중동부 ○○전선에서 해병대 보도반원 22일발] 이름 높은 도솔산작전에서 우리 해병대 정예는 육탄과 야습으로 갖은 곤란을 무릅쓰고 24개 공격목표를 완전히 점령함으로써, 괴뢰군이 소위 난공불락의 요새지대라고 장담하던 도솔산 고지를 장악하여 세계 전사상 유례 없는 청상에 기리 빛날 공훈을 세웠거니와, 22일 오전 2시 20분 이 대통령은 제8군 부사령관 콜터 중장의 전용기로 제8군사령관 밴프리트 장군, 무쵸 미 대사, 콜터 중장과 함께 이기붕 국방장관, 손원일 제독, 신현준 해병대사령관을 대동하고 중동부 ○○비행장에 도착하여 불철주야로 눈부신 악전고투를 계속하고 중동부 ○○전선에 웅거하고 있는 아해병대 제8042부대를 몸소 방문하시어 부대장 김대식 대령과 뜻 깊은 악수로서 그들 장병의 노고를 위로하시는 한편 다음과 같은 표창장을 수여하시고 더욱 조국통일을 위하여 헌신 노력을 할 것을 격려하시었다. 중동부 전선과 아해병대 장병들은 이 대통령의 온정에 감루하여 앞으로 가일층 멸공 성전에 헌신할 뜻을 굳게 하였다. 표창장의 내용은 다음과 같다.

해병대 제1연대

위 연대는 단기 4284년 1월 20일부터 중부 및 중동부 전선에서 출동하여 험악한 산악지대에서 만난을 극복하며 항시 전선에서 용전감투하여 다대한 전과를 거두어 오던 바, 특히 단기 4284년 6월 6일부터 동월 29일까지에 걸친 양구 북방 약 16킬로에 위치하는 도솔산 방면 작전에 있어 적은 난공불락의 천연적 요새지대에 반거하여, 강력히 저항하던 적을 공격하여 연일연야 십여 차에 걸쳐 육박돌격으로 적 주력 1개 사단을 완전히 섬멸하고, 작전상 극히 중요한 이 지점을 완전히 점령하였음은 연대장 이하 전 장병의 애국충정의 발로이며, 평소 맹훈련의 공격 정신과 백절불굴의 인내력의 결정으로 실로 국군의 정화(精華)라 할 것으로 자(玆)에 표창장을 수여하여 기리 표창함.

단기 4284년 8월 19일 대통령 이승만

그런데 이승만 대통령이 도솔산전투 전적지를 방문하기 이전인 1950년 11월 21일자 『부산일보』 2면에 신현준 초대 해병대사령관이 "무적해병대 되기까지"라는 표제로 쓴 글이 있다.

이 신문은 1950년 11월 21일자 부산일보 2면이다. 이 신문의 표제에 "무적해병대 되기까지"라고 되어 있다. 이 신문에서는 신현준 해병대사령관이 무기 부족과 해산설 대두 등 해병대 육성의 고심을 말하고 있다.

즉 '무적해병'이라는 용어가 도솔산전
투 이전에 이미 신현준 초대 해병대사령
관에 의해 사용되었다는 것이다.

그리고 이러한 기사도 있다. 1953년 4
월 15일자 『연합신문』에서는 "무적해병
대창설4주년"이라는 제하의 기사를 싣고
있다.

이 기사는 1953년 8월에 이승만 대통령
이 '무적해병'이라는 휘호를 하사하기 이
전인 1953년 4월 15일자 『연합신문』의 보
도 내용이다. 이 기사에서도 '무적해병'이
라는 표제가 보인다. 즉, 이승만 대통령

사진은 1953년 4월 15일자 『연합신문』에
서 보도한 기사. '무적해병대창설4주년'이
라는 제하의 해병대창설 4주년 관련 내용이
실려 있다.

이 휘호를 하사하기 이전부터 '무적해병'이라는 용어를 사용했다는 것이다.

해병대사령부에서 2000년에 발간한 『해병대의 문화와 가치』에는 다음과
같은 기록이 있다.

"1951년 8월 25일 이승만 대통령께서는 6·25전쟁에서 산악전 사상 최대
의 격전지가 되었던 도솔산지구전투에서 승리한 아 해병대를 격려하기 위
해 당시 철정리에 주둔하고 있던 제1연대를 순시한 자리에서 격려사를 통해
아 해병대를 '무적해병'이라 칭하였으며, 1953년 8월 12일 제2연대 창설에
즈음하여 '무적해병'(無敵海兵) 휘호를 하사하였다."

하지만 이승만 대통령이 '무적해병'이라는 휘호를 하사하기 이전에 이미 이 용어는 사용되고 있었다는 것이다.

이러한 내용을 종합해보면 '무적해병'이라는 용어는 신현준 초대 해병대 사령관이 처음으로 사용했으며, 도솔산전투 전적지를 방문한 이승만 대통령은 이 용어를 사용했는지 불확실하지만 『자유민보』에는 "무적아해병대"라는 표제로 보도를 하고 있다는 것이다. 이승만 대통령이 1953년 8월 12일 제2연대 창설에 즈음하여 '무적해병'(無敵海兵) 휘호를 하사하였다는 것은 사실일지라도 이것이 도솔산전투에서 유래하였다는 것은 적절하지 않다는 것이다.

이승만 대통령이 '무적해병'이란 휘호를 하사한 것은 휴전 직후 휴전선 남방한계선 북쪽에 위치하고 있던 동·서해의 모든 점령도서들로부터 철수한 도서부대 장병들을 주축으로 해서 편성한 해병 제2연대(연대장 김동하 대령)의 창설 즈음인 1953년 8월 12일이다. 그리고 글자 옆(왼쪽)에는 '爲海兵第二聯隊創設'(위해병제2연대창설)이란 글을 써놓았다.

빨간 원으로 표시한 부분이 해병교육단 본관 건물 현관 앞에 설치된 '무적해병탑'이다.

해병교육단에 세워졌던 무적해병휘호탑. 왼쪽 사진에는 초서체로 쓰인 '무적해병'이라는 글자 옆에는 '이승만'이라는 글자가 함께 새겨져 있는 것이 보인다. 그러나 오른쪽 사진에는 '이승만'이라는 글자가 없다. 4·19혁명 이후 이승만 대통령의 하야에 따라 '이승만'이라는 글자가 지워진 동판을 다시 설치한 것으로 추정된다. 현재 이 탑은 경남 창원시 진해의 해군교육사령부에 있다.

이 휘호를 하사받은 해병대는 당시 경남 진해에 있었던 해병교육단에 초서체로 써진 無敵海兵(무적해병) 네 글자의 탁본을 떠서 동판에 새기고 그 동판의 정상에는 대형 해병대 마크를 주조하여 올려놓았다. 이 탑이 '무적해병휘호탑'이다. 그리고 이 탑을 해병교육단 본관 건물(2층 목조건물) 현관 앞에 설치하였다. 당시 그 목조건물은 1층을 신병훈련소가 사용하고, 2층에는 교육단 본부가 있었다.

현재 경남 창원시 진해구 경화동에 위치한 해군교육사령부 영내에 있는 이 탑에는 다음과 같은 짧은 글로써 이 탑의 내력을 설명하고 있다.

무적해병탑(無敵海兵塔)

이 기념탑은 이승만 대통령이 대한민국 해병대가 한국전쟁 시 도솔산지
구전투('51. 6. 2~6. 20)에서 승리했던 공로를 치하하며 휘호를 하사한 것
을 기념탑으로 제작하여 1951. 8. 25. 당시 해병학교가 주둔했던 현 위치
에 설치하였다.

그런데 이 탑의 '무적해병'이라고 쓰인 동판이 처음 설치했을 때의 동판과
다르다. 왼쪽 사진에는 작은 글씨로 한자로 쓰인 '이승만'이라는 글자가 있
다. 그런데 오른쪽 사진에는 이 글자가 지워져 있다. 아마도 4·19혁명 이후
이승만 대통령의 하야에 따라 '이승만'이라는 글자를 지우고 새로운 동판을
설치한 것으로 추정된다.

결과적으로 '무적해병'이라는 표현을 사용한 것은 1950년 11월 21일 『부산
일보』에 신현준 초대 해병대사령관이 쓴 글이 처음이며, 도솔산전투와 관련
해서는 이승만 대통령이 전적지를 방문해서 '무적해병'이라고 격려해 주었
다기보다는 당시의 언론에서 해병대에 대하여 그렇게 보도한 것이고, 이승
만 대통령은 1953년 8월에 해병대 제2연대 창설에 즈음하여 '무적해병'이라
는 휘호를 하사한 것이다.

4. '귀신 잡는 해병'은 어떻게 유래되었나?

대한민국 해병대의 대표적인 애칭인 '귀신 잡는 해병'이라는 용어는 6·25 전쟁 중 해병대 '김성은 부대'의 통영상륙작전을 취재한 미국 뉴욕 헤럴드 트리뷴(New York Herald Tribune) 지의 특파원 마거리트 히긴스(Marguerite Higgins) 기자가 '그들은 귀신이라도 잡겠다'(They might capture even the devil)라는 기사 제목의 승전보를 보도함으로써 알려지게 되었다고 한다.

'귀신 잡는 해병'이라는 애칭을 탄생시킨 미 뉴욕 헤럴드 트리뷴의 마거리트 히긴스(Marguerite Higgins). 마거리트 히긴스에 대해 해병대와 관련된 다수의 책자에서는 마가렛 히긴스, 마거리트 히긴스, 마가렛 히킨스 등 여러 한글 표현을 사용하고 있다. 하지만 모두 틀리다. '마거리트 히긴스'가 맞다.

1950년 6월 25일 전쟁 발발 이후

8월에 접어들자 전선은 낙동강을 중심으로 서로 대치하는 상황이 계속되었다. 동부 전선에서는 포항 외곽에서, 중부 전선에서는 왜관 등지에서 혈전이 계속되었고, 서부 전선에서는 마산 서쪽의 진동리로 침입한 북한군이 마산·진해·부산을 위협하고 있었다. 그러나 미 육군 제25사단의 킨 특수임무대(한국 해병대가 배속됨)의 맹렬한 공격에 의해 공격 기세가 꺾여 마산·진해·부산 등지로 직접 침입하는 것이 곤란해지자, 거의 무방비상태에 놓여 있는 통영반도를 먼저 점령한 뒤 거제도를 점령하여 마산항과 진해만을 봉쇄하려고 하였다.

1950년 8월 16일 미명을 기하여 고성으로부터 통영으로 향한 북한군 제7사단 제51연대와 제104치안연대의 650여 명이 1950년 8월 17일 새벽 1시 통영시내로 침입하자 해병대 '김성은 부대'는 즉시 거제도에 상륙하여 통영으로부터 거제도에 침입하려는 적을 격멸하라는 명령을 받았다.

1950년 8월 17일 새벽 3시 '김성은 부대'는 해군함정 YMS 512호정과 FS 평택호에 나누어 타고 통영반도 동북방 1km 지점에 있는 지도(거제도 북방 연안)에 도착하였다. 그리고 통영 근해를 경비하던 해군함정 PC 703, AKL 901, YMS 504·512, JMS 302·307호와 FS 평택호 등의 지원 엄호 하에 8월 17일 오후 6시 통영반도 동북방에 있는 장평리에 상륙을 개시하여 망일봉(매일봉)을 점령하였다.

북한군은 해병대가 먼저 망일봉(매일봉)을 점령하고 있는 것을 모르고 계속 망일봉(매일봉)을 향해 전진해 오고 있었다. 그러나 망일봉(매일봉)을 선

점하고 있던 '김성은 부대' 제7중대에 의해 더 이상 전진하지 못하고 정양리 방면으로 도주하였다. 이에 해병대 '김성은 부대'는 8월 18일 12시부터 해군 함정의 지원 사격을 받으며, 8월 19일 10시까지 통영시내로 진입하여 치열한 소탕작전을 통해 잔적을 완전히 소탕하였다. 해병대 '김성은 부대'로 인해 전의를 상실한 북한군은 퇴로인 원문고개마저 차단당하자 목선 3척을 이용하여 해상으로 도주하다가 해상을 경비하던 YMS 504·512호정에 의해 격침되었다.

이 작전 결과로 유엔군의 낙동강 방어선에 보급이 끊이지 않게 유지시켰고, 통영반도를 먼저 확보한 뒤 거제도도 점령하여 이곳을 거점으로 견내량 해협을 건너 마산항과 진해항을 봉쇄하려던 북한군 지휘부의 의도도 좌절시켰다.

또한 적 사살 469명, 포로 83명, 따발총 128정, 소련식 소총 107정, 권총 13정, M1소총 3정, 기관단총 14정, 박격포 2문, 지프차 2대, 트럭 10대, 전화기 5대 등과 많은 포탄·수류탄 등을 빼앗는 대전과를 올렸으나, 아군은 15명이 전사하고 47명만 부상을 당했다.

이 통영상륙작전은 대한민국 해병대가 최초로 성공시킨 단독 상륙작전이었을 뿐만 아니라 유엔군이 후퇴 및 철수를 반복하며 방어만 하던 중 유일한 공격작전이었다는 점에서 높이 평가되고 있다.

이 작전에 종군했던 외신기자들은 우리 해병대가 이러한 기습적인 상륙작전으로 우세한 적군을 공격해서 적의 점령지를 탈환한 전례는 일찍이 없었다며 통영상륙작전의 대승을 높이 평가하는 보도로 저마다 최대의 격찬을 아끼지 않았다.

특히 1950년 8월 23일 통영상륙작전에 대한 취재차 원문고개로 해병대 '김성은 부대'를 방문한 미국 뉴욕 헤럴드 트리뷴 신문의 기자 마거리트 히긴스는 전광석화 같은 김성은 부대장의 묘수에 경탄을 금치 못하며 "당신들은 정말 귀신도 잡을 만큼 놀라운 일을 해냈소."라는 말로 감동을 표현했다고 한다.

또한 그녀는 6·25전쟁 발발 후 후퇴를 거듭하며 고전하는 상황 속에서 오히려 기습적인 공격을 시도하여 승리한 '김성은 부대'의 작전에 대해 "귀신이라도 잡겠다"(The might capture even the Devil)라는 기사 제목으로 전 세계에 보도했다고 한다.

이렇게 통영상륙작전에서 한국해병대의 감투 정신을 두고 '귀신이라도 잡겠다'는 기사를 널리 보도함으로써 '귀신 잡는 해병대'라는 말의 유래가 되었다는 것이다.

또 다른 이야기는 다음과 같다.

뉴욕 헤럴드 트리뷴의 마거리트 히긴스 기자가 통영상륙작전 직후에 취재하고 쓴 기사에 나오는 내용은 "한국 해병들의 사기가 높아 보여 마치 귀신 사냥을 나가는 소년들처럼 긴장되고 씩씩해 보였다."는 글이었다. 즉, 서양에는 야간에 빈집이나 창고를 찾아가서 수색하는 담력훈련 같은 유령 사냥(Ghost Hunting)이라는 놀이가 있는데 그 사냥에 나가는 소년들같이 해병들의 사기가 높다는 이야기였다.

하지만 마거리트 히긴스 기자가 정말 그런 기사를 썼다는 걸 증명할 실제 기사의 존재 여부가 확인된 적은 없다. 히긴스 기자의 한국전쟁 종군 기사들을 모두 모아놓은 저서 *War In Korea*에도 그런 얘기는 전혀 나오지 않는다.

마가리트 히긴스의 『War in Korea』, 그리고 이 책을 이현표가 번역한 『자유를 위한 희생』. 그러나 이 책에 통영상륙작전에서의 '귀신 잡는 해병'은 나타나지 않는다.

  심지어 제6대 해병대사령관을 지낸 공정식 장군의 회고록 『바다의 사나이 영원한 해병』에는 "진동리전투에서 '귀신 잡는 해병'이란 애칭이 생겨난 사실은 그리 잘 알려져 있지 않다. 대부분 해병들은 진동리전투를 이은 통영상륙작전을 계기로 뉴욕 헤럴드 트리뷴(New York Herald Tribune) 지의 종군기자 마거리트 히긴스(Marguerite Higgins)가 쓴 「귀신 잡는 해병(They might capture even the devil)」이라는 기사에서 비롯되었다고 생각한다.

  그러나 이 기사는 입증되지 않은 반면 진동리전투에서 가진 UPI의 인터뷰 타전은 보관되어 있어 이로부터 귀신 잡는 해병이 잉태되었다는 사실은 타당하다. 즉 진동리전투가 끝난 직후인 8월 5일 본부중대장 안창관 중위와 입담이 좋은 염태복 상사를 인터뷰한 것은 UPI에 소속된 한국인을 포함한 4명의 기자들이었다."라고 회고하고 있다. 그러면서 "이 인터뷰가 타전

되어 해외 여러 신문에 대서특필된 뒤 8월 23일 한국전쟁 취재로 명성을 떨치던 마거리트 히긴스가 '김성은 부대'를 찾음으로써 '귀신 잡는 해병'이라는 애칭이 우리 해병대의 상징으로 자리 잡았다."라고 회고하고 있다.

그런데 이 회고록에 기술되어 있는 안창관 중위와 염태복 상사의 인터뷰 내용에는 '귀신 잡는 해병'에 대해 언급되지 않고 있다.

* 1907년 6월 19일에 세워진 미국 최대 통신사인 UP통신은 1958년 5월 16일에 INS통신과 합병하며 UPI로 개칭되었다. 따라서 6·25전쟁 당시에는 UP통신이었다.

과연 무엇이 진실일까?

마거리트 히긴스 기자는 미국인 종군기자로 여성 최초로 퓰리처상을 수상한 사람이다. 마거리트 히긴스에 대한 자료는 미국 뉴욕의 시러큐스 대학교(Syracuse University, SU)에서 보관 중이다. 시러큐스 대학교는 미국의 제46대 대통령 조 바이든(Joseph Robinette Biden Jr.)이 졸업한 대학교이기도 하다. 이 대학교 도서관의 Special Collections Research Center에 Marguerite Higgins Papers가 보관되어 있다. 이 문서함의 Box 9 New York Herald Tribune Correspondence 1943, 1950–1965와 Box 33 1950, Aug.–Dec.에 관련된 내용이 포함되어 있을 것으로 예상된다. 그러나 아쉽게도 이 자료는 시러큐스 대학교 도서관을 방문해야만 확인할 수 있는 아쉬움이 있다.

위의 사진은 미국 뉴욕의 시러큐스 대학교 도서관의 Special Collections Research Center 홈페이지. 아래 사진에서 Marguerite Higgins Papers가 보관되어 있음을 알 수 있다. 그러나 자세한 내용을 보려면 직접 방문해야만 가능하다.

5. '신화를 남긴 해병'은 어디에서 시작되었나?

대한민국 해병대에는 자랑스러운 애칭들이 여럿 있다. '무적해병', '귀신 잡는 해병'이 6·25전쟁을 통해 얻은 애칭이라면, '신화를 남긴 해병'은 베트남전쟁을 통해 얻은 애칭이다.

'신화를 남긴 해병'은 1967년 2월 짜빈동전투를 통해 얻은 애칭이다. 해병대에서 발간한 베트남전쟁과 관련된 공간사들에는 단순히 짜빈동전투 현장을 방문했던 외신기자들에 의해 '신화를 남긴 해병'이라는 표제 하에 관련기사를 대서특필로 보도되면서 유래되었다고 기록되어 있다.

더 이상의 기록은 없다. 이처럼 자랑스러운 애칭에 이렇듯 불투명한 근거가 말이 되는가?

대한민국 정부와 국회에서는 1964년 12월 하순 경 국군의 베트남 파병을 결정하였다. 그리하여 1965년 2월 초 비전투부대인 비둘기부대(주월 한국군사지원단)를 창설하여 파병한 데 이어 10월 초에는 병력 증파 결정에 따라 해병대 청룡부대와 육군 맹호부대 및 백마부대를 차례로 파병하게 된다. 이후 6년 동안 군사지원작전과 촌락의 평정 및 재건작전을 위해 노력하였다. 그리고 전투부대 및 교체병력의 수송을 위해서 해군에서는 십자성부대를 편성하여 수송작전의 일익을 담당하였다.

베트남에 파병된 해병대는 깜라인지구전투, 뚜이호아지구전투, 추라이지구전투, 호이안지구전투 등을 수행하고 1971년 12월 4일부터 1972년 2월 29일까지 단계적으로 철수하였다. 해병대는 6년 5개월여 동안 베트남 전역에서 대대급 이상 작전 168회, 소부대작전 15만 1,437회를 통해 혁혁한 전과를 올리는 한편 구호활동, 대민진료, 교육지원, 건설지원, 친선활동 등 대민봉사 활동을 활발히 전개하여 3회의 대통령 부대 표창을 비롯하여 미국 및 베트남 대통령 부대 표창을 받기도 하였다.

'신화를 남긴 해병'은 추라이지구전투 중 짜빈동기습방어전에서 얻은 애칭이다. 1967년 2월 14일 밤부터 15일 아침 사이에 벌어졌던 짜빈동기습방어전은 청룡부대 제3대대 제11중대가 북베트남군 2개 연대에 의한 야간기습 공격을 근접전투와 백병전으로 격퇴시킴으로써 당시 자유세계의 매스컴들은 베트남전 사상 최대의 전과라며 찬탄을 금치 못했다.

특히 다낭에서 직접 달려온 미 해병 제3상륙군사령관 월터(Lew Walt) 중장은 작전 현지를 둘러보고 베트남 전선에서 처음 보는 전과이며 중대장 이하 모든 장병에게 경의를 표하고 중대장의 지휘능력은 우방군 전체의 귀감이 된다고 말하였다. 그리고 "이 해병들이 아군인 게 정말 다행이다. 만약 적으로 만났다면 큰일 날 뻔했다."라고 하여 두고두고 회자되기도 하였다.

이 전공으로 제11중대 전원 191명(장교 제외)은 3월 1일을 기하여 1계급 특진하고, 1968년도 미 대통령 부대 표창을 받았다. 그리고 한국정부도 중대장 정경진 대위와 신원배 소위에겐 태극무공훈장을, 김용길 중사와 배장춘 하사에게는 을지무공훈장을, 김기홍 중위, 김세창 중위, 김성부 소위, 김준관 하사, 오중환 하사, 이영환 하사, 이 진 해병에게는 충무무공훈장을 수여하였다. 또한, 1968년 미 국방성이 뽑은 최고부대로 선정되어, 자국군이 아닌 동맹군이 표창을 받는 영예를 누렸다.

바로 이 전투에서 얻은 애칭이 '신화를 남긴 해병'인 것이다.

그것은 바로 미국 UP통신의 한 사진에서 유래되었다.

미국 시각으로 1967년 2월 15일 아침, 베트남에서 날아온 미국 UP통신의 사진 한 장이 미국인들에게 큰 울림을 주었다. 이 사진에는 커다란 빨간 글씨의 제목으로 "Korea's Myth-Making Marines", 그 아래 소제목으로 "The Blue Dragon Marine Brigade's service in Vietnam earned it a legendary reputation by Lieutenant Colonel James F. Durand, U. S. Marine Corps"이라고 쓰여 있었다.

즉, 신화를 남긴 한국 해병대, 베트남전에서 청룡 해병의 활약은 전설적인 명성을 얻었다—미 해병중령 제임스 듀란드.

이 사진 속에는 베트남전쟁에 파병된 20대 초반의 한국 해병대 청룡부대 병사가 이 엄청난 전투가 끝난 후 자기 키만 한 M1 개런드 소총을 앞에 놓고 방탄복을 반쯤 걸친 상태로 오른쪽 가슴에 수류탄을 하나 달고, 상체를 비스듬히 묘비에 기댄 상태로 오른쪽을 멍하게 응시하고 있는 모습이 담겨 있었다.

1967년 2월 15일, 미국 UP통신의 사진. 빨간 글씨로 "Korea's Myth-Making Marines"이라는 제목을 달아 보도하였다. 이 사진을 통해 '신화를 남긴 해병'이 탄생한 것이다.

이 전투를 계기로 미 국방부가 베트남전쟁에 참전한 한국군의 M1소총을 현대적 소총인 M16으로 대량 교체해 주는 전환점이 되었다.

제4장 identity
해병대의 정체성은?

1. 해병대 경례 구호는 왜 '필승'인가?

해병대 장병들은 경례를 할 때 '필승'이라는 구호를 사용한다. 왜 그럴까?

오늘날 모든 나라 군대 예절은 경례로 시작한다. 경례는 상관에 대한 복종과 충성을 의미하기도 하지만, 상호 간에 대한 경의와 우호, 혹은 적대 의사가 없음을 의미하기도 한다. 경례는 기본적으로 무기를 휴대하지 않은 오른손으로 하는 행위이기 때문에 상대방에게 위해를 가할 의사가 없음을 나타내고 있기 때문이다.

오늘날 국군이나 미군처럼 손바닥을 상대방에게 보이지 않는 경례 방식은 영국 해군(RN, The Royal Navy)의 경례 방식에서 유래했다. 근대 이전의 수병은 뱃일의 특성상 손에 방수처리를 위한 타르나 기름이 묻기 일쑤였는데, 이때 상관에게 손바닥을 보이게 하여 경례를 하다 보면 새카매진 손바닥을 상관에게 보여야 한다. 물론 서로 사정은 잘 알고 있지만 미관상으로도 좋지 못하고, 무엇보다 더러워진 손바닥을 상대방에게 보이는 행동 자체가 왠지 상대방에게 모욕감을 줄 수도 있었다. 이 때문에 수병들은 손바닥을 아래로 향해 더러워진 손바닥을 보이지 않게 하는 경례를 도입했으며, 장교는 흰색 장갑을 끼기 시작했다. 이 경례는 제2차 세계대전을 거치면서 영국 해군에서 미 해군에 전파되었고, 미 해군이 도입한 경례는 미 육군과 육군항공대(전후 미 공군으로 독립)로 전파되었다.

영국 해군 경례 방식과 흡사하지만 약간 다른 경례 방식을 사용하는 군대들도 있다. 덴마크 육군의 경우 영국 해군 경례 방식과 비슷하나 손목만 90도를 꺾어 지면과 평행이 되는 경례 방식을 사용하며, 폴란드군은 모자나 방탄모를 착용하고 있을 경우 영국 육군처럼 손바닥을 앞으로 보이게 하는 경례를 하나 검지와 중지만으로 경례하는 '두 손가락 경례'를 한다. 프랑스군은 아직도 상대방에게 손바닥을 보이게 하는 경례를 하고 있다. 그러나 이스라엘 방위군(IDF, Israel Defense Forces) 같은 경우는 의전 목적이 아닐 때엔 통상적인 일상에서 경례를 주고받지 않는다.

프랑스군과 폴란드군의 경례 형태. 프랑스군은 상대방에게 손바닥을 보이게 경례를 하고, 폴란드군은 두 손가락으로 경례를 한다.

우리나라 국군의 예식에 관한 기준을 정하고 있는 「군예식령」(대통령령 제30064호, 2019. 9. 3. 일부개정) 제5조(경례의 의의)에는 "경례는 국가에 대한 충성의 표시 또는 군인 상호간의 복종과 존중 및 전우애의 표시로서 행하는 예의이며, 이는 엄정한 군기를 상징하는 군 예절의 기본이 되는 동작이므로 항상 성의를 가지고 엄숙단정하게 행하여야 한다."라고 명시되어 있다.

그러나 경례 구호에 대한 사항은 명시되어 있지 않다.

"빨간마후라"를 비롯한 1950년대 배경 영화에서 경례 구호가 나오지 않는 것으로 봐서는 경례 구호가 1960년대 생긴 것으로 추정된다. 그러나 우리나라의 경례 구호 사용에 대해서는 언제부터 왜 구호를 사용하였는지 분명하지 않다.

현재 우리나라 군대의 경례에 대한 사항은 각 군의 규정에 명시되어 있다.

육군은 「병영생활규정」 제19조(경례)에 따라 기본 경례 구호는 '충성'으로 규정하고 있다. 그리고 개인경례 및 각종 신고 시 경례 구호는 사용하지 않으며 경례 구호 대신에 "안녕하십니까?", "편히 쉬셨습니까?" 등의 간단한 인사말을 사용할 수 있도록 하고 있다. 그리고 장성급 지휘관이 육군 기본 경례 구호를 대체 사용할 수 있도록 하고 있다.

공군은 「복무 및 병영생활」규정 제35조(경례)에 경례 구호는 "필승"으로 한다고 규정하고 있다.

해군은 「해군 예식 규정」과 「해군 복무규정」에 경례에 대하여 규정하고 있으나 해군의 특성상 함상예절, 군함예절 등에 대한 규정만 있을 뿐 경례 구호에 대한 규정은 없다.

그렇다면 우리 군에서는 경례할 때 경례 구호를 붙이는 것이 적절하다. 그러나 경례에 구호를 붙이는 것이 반드시 일반적이지는 않다. 단지 경례가 의전과 관련된 경우가 많아서 여러 사람이 같은 타이밍에 경례를 해야 하는 목적, 그리고 구호를 통해 부대 기풍을 고취시키려는 목적으로 구호를 붙인다. 국군의 경우 "충성", "통일", "필승", "단결" 등이 일반적인 구호지만 육군에서는 사단 단위 이상의 제대에서 "선봉", "승리", "이기자", "백골"처럼 고유의 부대 명칭이나 별칭을 경례 구호로 쓰는 경우가 있고, 미 육군의 경우에도 전투부대에 한해 부대 별명이나 슬로건을 경례 구호로 사용하는 경우가 있다. 대표적인 예를 들면, 미 육군 제2사단의 "Second to None", 미 육군 제18공정군단의 "All the way"(상급자는 Airborne으로 받는다), 미 육

경례하는 해병

군 제82공정사단의 "All Americans", 레인저의 "Rangers Lead the way" 등이 있다. 하지만 경례에 구호를 붙이는 것은 전 세계적으로 일반적이지는 않다.

해병대의 경례 구호는 여러 차례 바뀌어 왔다. 해병대는 원래 경례 구호가 육군과 같은 '충성'이었다. 그러나 1970년대 초·중반에는 해병대에서도 예하 부대마다 경례 구호가 달랐다. 그 당시 대부분의 해병부대에서는 경례 구호로 '충성'이라는 구호를 사용했지만, '해병'이라는 구호를 경례 구호로 사용하는 부대도 있었다. 해병대 제2여단(현 해병대 제2사단)은 '청룡'이라는 부대 상징을 경례 구호로 사용하기도 하였다. 그러다가 1973년 10월에 해병대사령부가 해체되고 해군에 통합되어 해군에 대한 종속성을 강화시켰기 때문에 1976년경에 해병대의 경례 구호도 해군과 같은 '필승'으로 바뀌었다. 이 이후로는 더 이상의 변화 없이 지금까지 수십 년간 '필승'이라는 경례 구호를 사용하였기 때문에 어쩔 수 없이 해병대의 경례 구호는 해군, 공군과 마찬가지로 '필승'이라는 구호를 사용하고 있다. 그러나 이제는 해병대의 경례 구호를 '충성'으로 바꾸면 어떨까?

해병대전우회에서는 '해병'이라는 경례 구호를 사용한다. 아주 예전 세대의 해병들이 복무시기에 따라 현재의 해병대와는 경례 구호가 달랐기 때문에 '해병'으로 통일시킨 것이라고 한다.

2. '해병의 긍지'란 무엇인가?

해병들은 해병대의 모든 행사에서 '해병의 긍지'를 암송한다. 해병대의 현역이나 해병대를 전역한 사람들은 '해병의 긍지'를 매일 아침마다 과업정렬을 하면서부터 암송하였기에 이를 기억하고 있을 것이다. 그러나 이 '해병의 긍지'가 언제부터 있었는지 아는 사람들은 많지 않을 것이다.

각 군은 군복무에 대한 그 구성원(군인)들이 가져야 할 '신조'를 규정한 일종의 선서와 같은 복무신조들이 있다.

육군은 '전사의 결의'('우리의 결의'가 2020년 8월 이후 변경됨), 해군은 '해군의 다짐', 공군은 '공군의 목표'라고 부르는 복무신조가 있다. 그리고 해병대에는 '해병의 긍지'라고 불리는 복무신조가 있다.

육군	"전사의 결의" 1. 나는 자랑스러운 대한민국 육군 전사다. 2. 나는 임무를 최우선에 두겠다. 3. 나는 적과 싸우면 반드시 승리하겠다. 4. 나는 절대 포기하지 않겠다. 5. 나는 쓰러진 전우를 절대 남겨두지 않겠다. 6. 나는 피땀 어린 훈련으로 최강의 전투원이 되겠다. 7. 나는 조국 대한민국을 위해 몸과 마음을 바치겠다.

해군	"해군의 다짐" 우리는 영예로운 충무공의 후예이다. 하나, 명령에 죽고 사는 해군이 되자. 하나, 책임을 완수하는 해군이 되자. 하나, 전기(戰技, 전투기술)를 갈고닦는 해군이 되자. 하나, 전우애로 뭉쳐진 해군이 되자. 하나, 싸우면 이기는 해군이 되자.

공군	"공군의 목표" 대한민국 공군은 항공우주력을 운영하여 첫째, 전쟁을 억제하고 둘째, 영공을 방위하며 셋째, 전쟁에서 승리하고 넷째, 국익증진과 세계평화에 기여한다.

'해병의 긍지'는 1976년 5월에 '최초'로 제정되었다. '최초'라는 표현을 한 것은 제정 당시의 '해병의 긍지'와 현재의 '해병의 긍지'가 일부 변경되었기 때문이다.

1976년 5월 해병 제1상륙사단장이었던 정태석 소장(해사 3기)은 해병대 정신을 상징적으로 표현하고 긍지를 갖고 행동할 수 있는 문장을 제정하도록 지시하였다. 이에 따라 '해병의 긍지' 5개항을 완성하여 사단 전 부대에 시달하고 각 부대 연병장에 간판을 제작하여 설치하도록 하였다. 해병의 긍지 5개항은 전문에 "우리는 국가전략기동부대의 일원으로서 선봉군임을 자랑한다."로 하여 해병대원 모두가 상륙작전을 주 임무로 하는 국토방위의 최선봉군임을 자부하도록 하고 다음과 같은 5개 항을 설정하였다.

하나, 나는 찬란한 해병정신을 이어받은 무적해병이다.
둘, 나는 불가능을 모르는 전천후 해병이다.
셋, 나는 책임을 완수하는 충성스런 해병이다.
넷, 나는 국민에게 신뢰받는 유신해병이다.
다섯, 나는 한번 해병이면 영원한 해병이다.

'해병의 긍지'는 해병대만의 자랑이요 자존심으로 해병대정신을 구현하겠다는 다짐이다. 1항의 '찬란한 해병정신을 이어받은 무적해병'은 해병대 전통을 계승하여 무적해병이 되겠다는 것이며 해병대 전통은 단결, 애민, 인내, 임전무퇴의 4개항을 의미한다.

2항의 '불가능을 모르는 전천후 해병'은 지형, 기상, 기타 모든 조건에 관계없이 반드시 싸워 이기겠다는 필승을 의미한다.

3항의 '책임을 완수하는 충성스런 해병'이란 국가에 대한 충성에 앞서 자기가 소속한 조직(부대)에 충성함을 의미하며 부대가 공동으로 책임을 지겠다는 단결을 의미한다. 4항의 '국민에게 신뢰받는 유신해병'이란 당시 정부에 충성한다는 뜻으로 해병대는 언제나 근위대적인 부대라는 것을 표현한 것이나 1979년 10·26사태로 유신정권이 붕괴되면서 '정예해병'으로 개정되었다.

5항의 '한번 해병이면 영원한 해병'이라는 긍지는 미 해병대의 "한번 해병은 언제나 해병(Once Marine Always Marine)"이라는 표어와 유사하게 이미 오래전부터 사용해 왔으나 이를 해병대 표어로 처음 공식적으로 제정한 것이다. 이후 '해병의 긍지' 즉 무적해병, 전천후 해병, 충성스런 해병, 정예해병, 영원한 해병은 해병대 근본정신을 구현하기 위한 표어로 사용되기 시작하였다.

1977년 9월 1일부로 해군 제2참모차장으로 영전한 정태석 장군은 '해병의 긍지'를 전 해병부대에 전파하고 간판을 제작하여 설치하고 각종 행사에서 암송하도록 하였다. 이후 이 '해병의 긍지'는 해병대의 모든 행사에서 암송하고 있으며, 지금까지도 모든 해병들의 자랑이자 긍지로 자리매김하고 있다.

해병대에서는 신병수료식의 공식 식순에도 '해병의 긍지' 제창이 포함되어 있을 뿐 아니라 실무에 가서도 크고 작은 행사에 '해병의 긍지'를 암송하는 식순이 포함되어 있다.

"해병의 긍지"

우리는 국가전략기동부대의 일원으로서 선봉군임을 자랑한다

하나, 나는 찬란한 해병정신을 이어받은 무적해병이다.

둘, 나는 불가능을 모르는 전천후 해병이다.

셋, 나는 책임을 완수하는 충성스런 해병이다.

넷, 나는 국민에게 신뢰받는 정예해병이다.

다섯, 나는 한번 해병이면 영원한 해병이다.

3. '해병대정신'은 어떻게 변화되었나?

'해병대정신'이란 무엇인가? 해병대정신은 해병대에 복무하거나 복무했던 사람들에게는 신앙과 같은 정신이다.

우리 사회에서는 종종 해병대정신, 해병대 기질, 해병대식이라는 말을 한다. 해병대정신은 해병대 특유의 정신 또는 기질이기도 하다. 해병대식은 해병대에 소속된(되었던) 사람들의 독특한 행동을 의미하며, 이는 해병대에 소속된 개인 또는 집단의 긍지로 표현될 수 있다.

그렇다면 도대체 해병대정신은 무엇인가? 어디에 쓰여 있기라도 한단 말인가?

해병대정신을 처음으로 기록한 것은 1953년 3월에 해병대사령부에서 발행된 『해병전투사』 제1부이다. 이 책의 제2장(해병대전사평론) 제1절 해병대의 전설(해병대정신)에서 해병대정신을 ① 가족적 단결정신, ② 애민정신, ③ 인내의 정신, ④ 임전무퇴의 정신 등 4개항으로 서술하고 있다. 이 책을 쓴 사람은 우리가 잘 알고 있는 국어학자 이희승 박사다. 이희승 박사가 이 책에서 최초로 "해병대정신"을 기술하였던 것이다.

이 책에서 설명하는 해병대정신은 다음과 같다.

첫째, "가족적 단결정신"은 1949년 4월 15일 불과 2개 중대 380여 명으로 창설된 해병대가 변변치 못한 시설과 불충분한 보급품 등 열악한 병영 환경에서 해병대의 장구한 발전을 위해 사령관 이하 전 장병이 상하 구별 없이 동고동락하면서도 추상같은 명령 하에 엄격한 훈련을 실시하였으며 대원들의 생일 하나하나를 챙겨 월 1회씩 사령관을 비롯한 전 대원이 동석하여 음식을 나눠먹으며 생일을 축하해주었다는 당시의 병영생활을 가족적 분위기로 단결을 도모하였다고 설명하고 있다.

둘째, "애민정신"은 해병대가 창설 이후 진주 및 제주에서 공비토벌작전을 실시할 때 민간인에게 군을 신뢰하게 하여 그들의 협조를 구하고 또한 양민이 공산주의자들의 회유로 그릇된 길로 가는 것을 막기 위한 작전의 일환으로 대민계몽(영화상영, 강연 등)과 대민지원(추수, 진료, 희생자가족 위로 등)을 적극 실시하여 주민을 보호하였다는데 기인하고 있다.

셋째, "인내의 정신"은 창설 초기 비가 새는 숙소에서 낡은 침구를 2~3명이 공동사용하고 산나물과 해산물을 채취하여 부족한 식량을 보충하는 등 당시 열악한 생활환경에서도 불평 없이 실전을 방불케 하는 맹훈련을 인내심 하나로 이를 극복함으로써 그 후 6·25전쟁에서 5대 작전과 같은 혁혁한 승리를 거둘 수 있는 근본요소가 되었다고 설명하고 있다. 즉 춥고 배고픔을 참고 고통을 이겨낸 훈련만이 악전고투에서도 인내심 하나로 승리할 수 있었다는 것을 강조하고 있다.

넷째, "임전무퇴의 정신"은 16세기 스페인 함대가 어떤 남미해안에 상륙한 이후 타고 온 선박을 모조리 파괴하고 후퇴하지 못하게 함으로써 병사들이 용감히 싸워 승리하였다는 교훈을 인용하여 상륙작전의 근본은 결코 후퇴란 있을 수 없다는 것을 강조하였다. 이어 이상과 같은 4개항이 해병대정신이 된 동기를 설명한 후 단결, 애민, 인내, 임전무퇴의 정신은 해병대가 창설 초기부터 전통정신이 되었다고 설명하고 있다.

그런데 "해병대정신"이 변했다.

1953년 3월에 해병대사령부에서 발간한 『해병전투사』제1부에 수록된 ① 가족적 단결정신, ② 애민정신, ③ 인내의 정신, ④ 임전무퇴의 정신 등 4개항의 해병정신을 근간으로 하여 1987년 5월에 해군본부 해병참모부가 해병대정신의 표어를 '한번 해병은 영원한 해병'으로 정하고 그 실천정신을 ① 단결정신, ② 애민정신, ③ 인내정신, ④ 임전무퇴 정신 등으로 하는 부분적인 수정 보완을 하였다. 그리고 1989년 12월 30일 발간한 『상륙작전실무참모(장교용)』제2항 제3절에서 ① 단결정신, ② 애민정신, ③ 인내의 정신, ④ 임전무퇴의 정신을 해병대정신으로 제정하여 해설을 수록하였다.

이것이 두 번째로 정립된 해병대정신이다. 즉, 해병대정신 덕목으로 공식 정립한 것이다.

그 후 1997년 2월 3일 해병대사령부에서는 해병대정신을 재정립하기 위한 초안을 작성하고 현역 및 예비역 간의 토의를 개최하였다. 현역은 사령부의 각 참모 및 부대별 대표가 참석하였다. 예비역으로는 정채호(특과 2기, 예비역 중령), 장국진(해간 8기, 예비역 중령), 차수정(해간 12기, 예비역 소장), 김영학(해간 16기, 예비역 대령), 이선호(해간 19기, 예비역 대령) 등이 참석하였다.

해병대사령부가 제시한 새로운 해병대정신 정립안은 다음과 같다.

"한번 해병대원은 영원한 해병대원"
 1. 무적해병의 상승불패정신(단결, 인내, 애민애족, 임전무퇴)
 2. 무에서 유를 창조하는 정신(하면 된다. 안되면 될 때까지)
 3. 정의와 자유를 수호하는 최고의 정신(명예, 용기, 헌신)

그런데 이 토의에 참석한 예비역 대부분이 부정적인 견해를 표명하였다. 첫째, "한번 해병은 영원한 해병"이란 역사적으로 해병대에서 애용해온 고유명사라는 것. 둘째, 정신항목이 너무 서술적이라는 것. 셋째, 정신을 구현하기 위한 덕목이 명확하지 않다는 것 등이었다.

이후 해병대사령부는 1997년 5월 27일 『해병대정신 해설』을 발간하였다. 이 책자에서는 초안 3항의 '최고의 정신'에서 '최고'라는 문구가 삭제되고 "정의와 자유를 수호하는 정신"으로 기록되었다. 이어서 1997년 7월 31일자로 『해병대정신 재정립』을 발행함으로써 사실상 새로운 해병대정신이 공식적으로 제정된 것이다. 최종적으로 정립된 해병대정신은 다음과 같다.

한번 해병은 영원한 해병

1. 무적해병대의 상승불패 정신

2. 무에서 유를 창조하는 정신

3. 정의와 자유를 수호하는 정신

이로써 해병대정신은 1953년 3월 『해병전투사』제1부에서 서술한 '해병대 전통정신', 1987년 5월 해군본부 해병참모부가 발행한 "해병대정신 정립"에 이어 1997년 7월에 세 번째로 해병대정신이 재정립된 것이다.

세 번째로 정립된 해병대정신은 다음과 같다.

[해병대정신]

• 표어: 한번 해병은 영원한 해병

해병대 조직 구성원이라면 누구나 해병대에 입대한 그 순간부터 해병대를 떠나는 그 순간까지 몸소 체험하고 느꼈던 일상생활의 모든 것에 자부심과 명예심을 가지고 언제, 어디서나 자신이 해병대의 일원이었다는 것을 자랑스럽게 생각하면서 예비역이 된 이후에도 영원한 해병으로 남기를 희구한다.

'한번 해병은 영원한 해병'이라는 이 표어야 말로 해병대만이 지니는 특유의 정신덕목이요, 해병대정신의 가장 굳건한 바탕이라 하지 않을 수 없다. 비록 이 표어가 미 해병대의 'Once a Marine, Always a Marine'에서 유래된 것이라고는 하지만 지난 기간 동안 사용해 온 우리의 것으로서 일반 국민들까지도 해병대의 상징 표어로 널리 인식하고 있다.

또한 국가와 민족을 초월하여 자유 우방국가의 모든 해병대가 그들 국가에서 갖는 지위와 역할 면에서 공통점이 많기 때문에 상호 공감대를 형성하고 있음을 감안할 때 평화의 선봉군으로서 갖는 이 표어에 대한 긍지는 그어느 것보다 크다고 하지 않을 수 없다.

군문을 떠나서도 진하게 타오르는 모군에 대한 향수와 애정으로 출신, 계급, 연령에 관계없이 해병대 조직 구성원으로서 맺어지는 끈끈한 관계는 단순히 해병이었기에 존재하는 것이 아니라 바로 해병대정신 속에서 형성되고 있음을 잊어서는 안 될 것이다.

'한번 해병은 영원한 해병'이라는 이 짧은 말 속에는 무척이나 많은 의미를 내포하고 있다. 해병대를 거쳐 간 모든 이들에게 해병대에서의 생활이 잊히지 않는 추억으로 간직되어 어머니의 품 속 같은 요람의식으로 느껴질때 그 말의 참된 뜻을 깨닫게 되며 해병대에 몸담고 생활한 것을 무한한 자랑으로 여기면서 그 말의 가치를 영원히 간직하려는 강한 의지를 갖게 될것이다.

• 실천정신

1. 무적해병의 상승불패 정신

적과 싸우면 항상 이기는 상승불패의 정신은 화랑도의 임전무퇴 기상을 바탕으로 하는 불패정신과 임진왜란 당시 불과 12척의 전선으로 130여 척의 왜전선을 물리친 이순신 장군의 '필생즉사 필사즉생' 정신을 기저로 하여 반세기 역사 속에 형성된 우리의 전통정신이다.

해병대는 국가기동전략부대의 일원으로서 선봉군임을 자랑스럽게 생각하고 필승의 신념과 감투정신을 지닌 무적의 군대로서 위국헌신의 희생정신으로 책임을 완수함으로써 최강부대의 찬란한 전통을 이어오고 있다.

초창기 열악한 병력과 장비로 창설된 이래 6·25전쟁과 베트남전쟁에서 험난한 전투를 수행하면서 특유의 인내와 끈기, 강한 투지력으로 공격하여 빼앗지 못한 고지가 없었고, 방어하여 사수하지 못한 진지가 없었던 상승불패의 전통을 수립하게 되었다.

6·25전쟁에서 3년여의 기간 동안 쉴 새 없이 가장 험난한 20여 개 지역의 전선을 누비면서 싸워 온 수많은 전투 중에서 상승불패의 정신을 승화시킨 대표적인 전투로는 전 장병이 일 계급 특진한 '진동리지구전투', 귀신 잡는 해병의 명성을 얻은 '통영지구전투', 낙동강 방어선으로부터 반격작전으로 공세를 이전시킨 '인천상륙작전', 용감한 해병들에 의해 중앙청에 태극기를 게양하여 수도 서울 수복의 상징이 되었던 '서울탈환작전', 산악전 사상 유례 없는 승리로 이승만 대통령으로부터 '무적해병' 휘호를 하사받아 무적해병 전통의 초석이 되었던 '도솔산지구전투' 그리고 적의 최정예 부대를 격퇴시키고 아군이 중동부 전선의 통제권을 장악하는 데 절대적으로 기여한 '김일성·모택동고지 전투' 등을 들 수 있다.

이들 전투에서 해병대는 찬연한 금자탑을 세워 청사에 길이 빛나는 기록을 남기게 되었으며 이와 같은 상승불패의 기록들은 해병대의 역사인 동시에 국군의 역사가 되고 있다.

한편 베트남전쟁에서도 6년 5개월간 베트남 전역을 누비면서 총 15만여 회의 크고 작은 작전을 통해 혁혁한 전공을 세웠다. 그 중에서도 베트남전쟁 사상 유례 없는 전과를 올려 국내외에 널리 알려진 '짜빈동기습방어전'의 승리로 '신화를 남긴 해병'의 명성을 얻음으로써 6·25전쟁으로부터 베트남전쟁에 이르기까지 싸움터에서는 항상 이기는 무적해병의 신화를 창출해 내었다.

2. 무에서 유를 창조하는 정신

해병대가 오늘날 타군에 비해 열세한 전력을 보유하고 있음에도 불구하고 강한 군대로 성장할 수 있었던 배경에는 바로 끈질긴 생존력을 바탕으로 '무에서 유를 창조하는 정신'이 있었기 때문이다.

무에서 유를 창조하는 정신은 바다라는 무(無)의 상태에서 적진에 돌격을 감행하여 새로운 영토인 해안두보를 탈취 확보하여 상륙군의 병력과 장비, 물자를 축적함으로써 유(有)를 창출해 내는 상륙작전의 특수성을 감안한 해병대의 특징적인 정신이라고 하겠다.

초창기 불비한 여건과 환경 속에서도 오로지 최강의 군대를 만들겠다는 의지 하나만으로 병력·장비 및 시설의 열악함을 탓하기 전에 '多流汗, 少流血'(다유한, 소유혈)을 모토로 내걸고 강도 높은 교육훈련에 전념함으로써 제반 난관을 극복하고 싸워서 이길 수 있는 군대의 면모를 조기에 갖출 수 있었다. 이러한 해병대는 창설된 지 불과 4개월 만에 진주지역 일대에서 준동하는 공비 소탕작전 임무를 부여받아 진주에 주둔하여 지역을 안정시키는데 결정적 역할을 수행함으로써 무에서 유를 창조하는 군대의 면모를 유감없이 발휘한 최초의 예가 되고 있다.

그 후 해병대는 6·25전쟁 기간 동안 20여 개의 전선지역을 누비면서 항상 새로운 지역에서 적과 싸워 주도권을 장악한 다음 전투력을 축적하는데 선봉장 역할을 하였다. 또한 베트남 파병 시에는 1965년 10월 9일 깜라인(Cam Ranh)만에 상륙한 이후 1972년 2월 29일 마지막으로 다낭에서 개선 귀국할 때까지 열사와 밀림지에서 온갖 고난을 극복하면서 적 치하에 있는 지역을 평정한 후 후속하는 타 군부대에 인계하고 계속 북상 전진하여 또 다른 새로운 지역을 평정하여 나가는 임무를 차질 없이 수행할 수 있었던 점 역시 무에서 유를 창조하는 정신에 기인한 것이다.

3. 정의와 자유를 수호하는 정신

대한민국 국군이 추구해야 할 기본가치와 존재목적이 "국군은 국민의 군대로서 국가를 방위하고 자유민주주의를 수호하며 조국의 통일에 이바지함을 그 이념으로 한다."라고 국군의 이념에 명시되어 있듯이 해병대 또한 창설 당시 신현준 초대 사령관이 "해병대는 국가와 국민을 위하여 자유를 수호하는 역사를 창출하자."고 피력함으로써 해병대가 추구할 가치와 존재목적을 최초로 천명하게 되었다.

그 후 6·25전쟁이 발발하여 국운이 풍전등화의 위기에 처하게 되자 구국의 선봉군으로 수많은 전투에 참가하여 목숨을 아끼지 않고 생명이 다할 때까지 신명을 바쳐 국민의 생명과 재산을 보호하고 대한민국의 자유와 독립을 지키는 데 크게 기여함으로써 국민의 군대다운 자랑스러운 모습을 오늘날까지 지켜오고 있는 것이다.

1965년에는 세계 자유평화의 십자군으로 정의와 자유의 기치를 높이 들고 우리나라 역사상 전투부대로는 최초의 해외원정부대인 청룡부대를 베트남에 파병하여 해병대의 용맹성을 전 세계에 떨쳐 자유 민주 국가들로부터 존경과 신뢰를 받은 바 있다.

6·25전쟁과 베트남전쟁을 통해 정의와 자유를 수호하는 정신을 전통정신의 한 지류로 삼고 있는 해병대는 1967년 3월 21일 제정된 해병대 내규상의 「부대기 운영규정」편에 해병대 존재목적은 '정의와 자유를 위하여'라고 공식적으로 명시하였다. 이 문구는 해병대 마크의 맨 윗부분인 독수리가 물고 있는 리본에 새겨져 있으며 해병대가 왜 존재하는가를 극명하게 나타내고 있다.

4. 해병대를 상징하는 도로들

해병대를 상징하는 명칭이 포함된 도로들이 있다.

우리나라는 2014년부터 도로명과 기초번호, 건물번호, 상세주소에 의하여 건물의 주소를 표기하는 방식의 도로명 주소를 시행하고 있다. 도로에는 도로명을 부여하고, 건물에는 도로에 따라 규칙적으로 건물번호를 부여하여 도로명과 건물번호 및 상세주소(동, 층, 호)로 표기하는 제도이다.

그런데 길을 가다 보면 문득 이색적인 표지판을 보게 되는 경우가 있다. 기존의 도로명과는 다른 이름들이다. '김대건 신부 탄생의 길', '소방관 이병곤 길', '강감찬대로', '이태석 톤즈 도로', '정지용길' 등 특정 인물의 명칭이 붙어 있는 도로명을 볼 수 있다. 이를 "명예도로명"이라고 한다.

명예도로명은 주소로 사용하는 법적도로명과는 다르게 지역의 역사, 문화 등의 특성을 도로 이름에 담아서 기존 도로명 구간(전부 또는 일부)에 추가로 부여하는 '별칭'이다. 이를 통해 지역이 가지는 역사, 전통, 지리, 장소적 특성을 알리는 것이다.

그런데 해병대를 상징하는 명칭이 포함된 도로들이 있다.

해병대상륙작전로

경남 통영시 용남면 장평리 전승기념비부터 원문공원까지 약 8.4km 구간에 '해병대상륙작전로'라는 명예도로명이 부여됐다.

2017년 4월 26일 통영시는 6·25전쟁 당시 해병대가 상륙작전을 감행하였던 용남면 장평리의 전승기념비에서 원문공원 구간을 명예도로명 '해병대상륙작전로'로 지정하였다. 이 명예도로는 우리나라 최초의 해병대 단독상륙작전의 영웅인 김성은 장군 등 당시 해병대의 업적을 기리기 위해 지정되었다.

경남 통영시의 해병대상륙작전로 이정표와 안내문

통영상륙작전은 용남면 장평리 앞바다에서의 해병대가 최초로 성공시킨 단독 상륙작전이었을 뿐만 아니라 유엔군의 방어작전 중 한국군의 유일한 공격작전으로 평가되는 작전이다. 당시 이를 취재하던 미국의 뉴욕 헤럴드 트리뷴 기자 '마거리트 히긴스'는 한국 해병대의 용맹함을 "귀신이라도 잡을 기세인 이들(귀신 잡는 해병)"이라 표현하여 보도하기도 했다.

해병대발상지로

경남 창원시는 해병대발상탑으로 가는 길인 진해구 이동교~덕산초등학교까지 0.7km 구간을 '해병대발상지로'라는 명예도로명을 부여하였다. 창

경남 창원시 진해에 위치한 해병대발상지로 이정표

원시는 2021년 7월 5일 해병대가 창설되었던 진해구에 해병대 창설지를 알리는 '해병대발상지로'라는 명예도로명을 부여한 것이다.

해병대는 1949년 4월 15일 경남 창원시 진해에 위치했던 덕산비행장에서 창설되었다. 해병대는 창설 이후 6·25전쟁과 베트남 전쟁을 통하여 해병대의 이름을 알렸다. 70여년이 지난 지금은 국가전략기동부대의 선봉부대로 그 위상을 높이고 있다.

호국영웅 김문성로

제주도는 2020년 11월 4일 오후 서귀포시 효돈동 주민 센터 인근 도로에 '호국영웅 김문성로'라는 명예도로명을 부여하였다.

제주도 서귀포시의 '호국영웅 김문성로' 표지석

1930년 제주도 서귀포시 신효동에서 태어난 김문성 중위는 6·25전쟁이 치열하던 1951년 3월 해병대 소위로 임관하여 해병대 제1연대 3대대 9중대 2소대장으로 중동부전선 도솔산 지구전투에 참전했다. 김문성 중위는 선두에서 소대를 지휘하며 빗발치는 총탄을 무릅쓰고 적의 진지 50m 지점까지 전진하였으나 적의 총탄에 맞아 장렬히 전사했다. 국가보훈처는 2019년 김중위를 '6월의 6·25전쟁영웅'으로 선정하기도 했다.

호국영웅 한규택로

'호국영웅 한규택로'는 제주시 애월읍에 위치한다. 제주시는 2015년 8월 3일 제주시 애월읍 상귀리 일대의 도로에 '호국영웅 한규택로'라는 명예도로명을 부여하였다.

한규택 삼등병조는 1930년 4월 13일 제주에서 태어나 1945년 제주 하귀초등학교를 졸업하였다. 1950년 8월 해병 3기로 자원입대하여 제3대대 제

제주시 애월읍의 '호국영웅 한규택로' 표지판

11중대 화기소대 기관총사수로 6·25전쟁에 참전하였다.

입대 후 한규택 상병(당시 계급)이 투입된 작전은 자신이 속한 제11중대의 작전인 '평안남도 양덕군 동양리지구 적 패잔병 소탕작전'이었다. 이는 동양리지구의 보급로 확보를 위해 당시 그 일대에 준동하고 잇던 북한군의 패잔병을 소탕하는 작전이었다. 그는 북한군의 기관총 사격에 왼쪽 어깨부상을 입은 상태로 북한군 기관총 3정을 공격하여 2정을 파괴하고 3번째 기관총을 공격하려는 순간 적의 기관총 사격으로 장렬히 산화하였다. 치명상을 입고도 주어진 임무에 충실하였던 한규택 상병의 투철한 희생정신으로 제11중대는 위기에서 벗어날 수 있었다.

한규택 상병은 2010년 해병대를 빛낸 호국 인물에도 선정되었다.

제주 출신 6·25전쟁 호국영웅으로는 고 김문성 중위를 비롯해 4명이 있다. 이를 기리기 위해 4개의 명예도로를 설치하였다. 해병대 출신의 호국영웅 한규택로, 김문성로, 육군 출신의 강승우로, 고태문로 등이 그것이다. 이들은 모두 제주도 출신으로 6·25전쟁 때 혁혁한 전공을 세워 무공훈장을 받고 국가보훈처에서 '이달의 6·25전쟁영웅'으로 선정된 인물들이다.

5. 서해구락부에서 시작된 해병대전우회

'관시'는 관계(關係)의 중국어 발음이다. 이것은 인맥, 연줄, 휴먼네트워크 등을 의미하는 단어이다. 어느 나라에서든 인맥이나 연줄은 일을 풀어가는 데 효율적인 수단이 되고 있다. 미국에서도 '유태인 인맥'은 막강하다.

한국에서의 인맥은 고향, 학교, 심지어 복무했던 군부대에 이르기까지 다양하다. 특히 우리나라의 고대동문회, 호남향우회, 그리고 해병대전우회는 3대 강력 인맥네트워크라고 일컬어지고 있다.

이 중에서 동네 주변에서 흔하게 찾아 볼 수 있는 것이 해병대전우회이다. 해병대를 직접적으로 경험해본 전역자라면 친근하게 느껴지겠지만 군대와 더불어 예비역에 대한 문화에 대해 처음 들어보는 사람들은 낯설게 느껴질 것이다.

해병대전우회는 단순히 추억을 되새겨보고 서로의 만남을 통한 친목을 도모하는 모임을 넘어 우리나라의 각 지역사회에 대한 봉사 및 헌신이라는 모토 하에 많은 활동들을 하고 있다.

해병대전우회에서 진행하는 봉사 활동은 방범순찰, 급식봉사, 요양원봉사, 헌혈, 마라톤대회 봉사, 각종 안전캠페인 등 다양하다. 이들이 급여를 받을 것이라고 생각할 수도 있겠지만, 이들은 자발적으로 나라와 지역에 대한 봉사에 참여하고 있는 것이다.

또한 해병대전우회는 각 지역마다 컨테이너 박스를 설치하여 운영하기도 한다. 컨테이너 박스의 경우 임시 건축물에 해당된다. 임시 건축물은 전기, 수도, 가스 공급이 필요치 않고 철근 및 철골 콘크리트가 아닌 3층 이하의 건물을 의미한다. 컨테이너 박스의 규모가 6평 미만이라면 임시 건축물 신고만으로 건축이 가능하고, 6평 이상이라면 축조 허가가 필요하다. 보통 존치 기간은 3년이지만 연장신고를 한다면 이후에도 사용이 가능하다. 해병대전우회의 컨테이너 박스는 회의실, 초소, 회원들의 휴식처 개념으로 활용되고 있다.

그럼 해병대전우회는 어떻게 운영되고 있을까? 실제로 해병대전우회 중에서는 순수한 마음으로 봉사하며 국가 보조금 자체도 마다하는 곳들이 있다. 이들은 보통 정기총회, 월례회 등을 실시하며 회비와 특별 찬조비, 기타 수입을 운영비로 사용하고 있다. 예비역 해병이나 연합회 회장들이 상당액의 재산을 기탁하는 경우도 많다.

해병대전우회는 1970년 4월에 해군(10%)과 해병대(90%) 예비역을 중심으로 결성된 '서해구락부'에서부터 출발한다. 이 명칭은 충무공 이순신의 한

시에서 유래한 것이다. 誓海漁龍動, 盟山草木知(서해어룡동, 맹산초목지: 바다에 맹서하니 어룡이 감동하고, 산에 맹서하니 초목이 안다)의 앞 두 글 자를 따서 지은 명칭이다.

그러나 1980년 12월 18일 정부방침에 따라 향군 산하단체의 일괄적인 해 체와 더불어 군의 원로들이 이사직에 있는 상무재단까지 해체하였을 때 '서 해구락부'도 함께 해체되었다.

'서해구락부'는 초대 해군참모총장 손원일 제독과 초대 해병대사령관 신 현준 장군을 비롯한 해군·해병대 출신 예비역 가족들의 친목을 도모하기 위 해 결성된 순수한 친목단체였다. 초대 총재로부터 10대 총재에 이르는 10 년 간(초대–손원일 제독, 2대–신현준 장군, 3대–김성은 장군, 4대–이맹 기 제독, 5대–공정식 장군, 6대–김윤근 장군, 7대–이성호 제독, 8대–김규 섭 제독, 9대–박은희(해병), 10대–홍성철(해병)) 해군 출신 총재가 맡을 때 는 해병대 출신 사무국장이, 해병대 출신 총재가 맡을 때는 해군 출신이 사 무총장을 맡는 운영체제로 라이온스 클럽이나 로타리 클럽의 지역단위 조 직체처럼 지회의 조직체가 점차적으로 강화되는 가운데 원만하고 내실 있 게 운영되고 있던 중 정부의 방침에 따라 해체되었던 것이다.

이후 1981년 4월 15일에 서울의 해병대기념관에서 해병대전우회 창립식 을 가졌다. 그리고 1982년 10월 20일에는 서울특별시 동작구 사당동에서 해병대전우회 사무실 개소 및 현판식을 하였다. 이후 1984년~87년 초까 지 해병대전우회 자체 행사 및 전승기념식 행사 위주로 실시하다가 1987년 6·29 선언 이후 전국적으로 지역별, 직장별로 조직이 구체화되면서 방범순찰대 등의 전우회가 연이어 결성되면서 지역봉사 활동을 시작했다.

1987년 6·29민주화선언과 함께 서해구락부를 이끌어 왔던 해병대 측(예비역)은 서해구락부를 재건하려 하였다. 그러나 해군 측(예비역)에서 응하지 않자 1988년 4월 8일 해병대전우회중앙회를 창립하게 되었고, 초대 총재로 김성은 장군을 추대하였다.

2006년 9월 7일에는 소방방재청 산하 '사단법인 해병대전우회 안전·봉사·문화단체'로 등록되어 각종 재난 발생 시 인명구조, 피해복구, 긴급 구조 활동을 전개하기 시작하였다. 그리고 2007년 3월 30일에는 재정경제부 공익성 기부금 단체로 지정되었으며, 2009년 2월에는 행정안전부 민간단체 공익활동 지원사업단체로 지정되어 정부보조금이 지원되기 시작하였다. 2009년 9월에는 한국 자원봉사협의회 단체에 회원으로 가입하기도 했다. 한편 2013년부터는 행정안전부 산하 사단법인인 '해병대전우회 안전·봉사·문화단체'로 등록되었으며, 2016년 7월 8일에는 국방부 산하 사단법인 '대한민국 해병대전우회'로 등록되었다.

해병대전우회는 회원 상호간의 친목을 도모하는 가운데 각종 봉사 활동을 통해 지역사회의 발전과 모군의 발전에 기여한다는 운영 목표를 세우고 최선의 노력을 기울이고 있다. 해병대전우회는 2022년 현재 중앙회 산하에 21개 광역시·도 연합회와 271개 시·군·구 지회 및 3,486개의 읍·면·동 분회, 88개의 해외 지회를 둔 회원 수 100만을 헤아리는 막강한 조직체가 되어 국가안보 수호와 지역사회의 발전을 위해 능동적으로 기여하고 있다.

해병대전우회 목표
- 국가안보 수호에 기여한다.
- 지역사회 발전에 헌신 봉사한다.
- 회원 상호 간 친목을 도모한다.
- 모군 발전에 기여한다.
- 현역·예비역 간 유대를 강화한다.

해병대전우회헌장

대한민국 해병대전우회는 한번 해병은 영원한 해병의 자부심과 긍지 아래, 해병대의 정체성과 소속감의 숭고한 핵심가치를 추구하면서, 자랑스러운 해병대의 명예와 전통을 계승하여 국민으로부터 사랑과 신뢰, 존경을 받는 최일선 호국안보단체로서 국가와 국민을 보호하고, 정의와 자유를 수호하기 위하여 해병대전우회 목표의 핵심역량을 강화하는 이 헌장을 해병대전우회의 정신과 행동의 지표로서 항상 실천하여야 한다.

하나, 우리는 "한번 해병은 영원한 해병"임을 자랑스러운 명예와 전통으로 자부한다.

하나, 우리는 정의와 자유를 위하여 충성을 다하며 국가의 안전보장과 번영에 기여한다.

하나, 우리는 성숙한 민주시민으로서 지역사회 발전과 안녕에 이바지한다.

하나, 우리는 해병의 긍지 아래 상경하애 정신으로 단결과 화합을 도모한다.

하나, 우리는 호국충성 해병대의 역군으로서 모군 발전에 끊임없이 이바지한다.

앞으로도 해병대전우회는 끊임없는 변화와 혁신을 통해, 미래지향적이면서 명예로운 전통을 존중하면서 국민과 항상 함께할 것을 다짐한다.

현재 해병대전우회 중앙회는 서울시 서초구 남부순환로 2569 대한성서공회빌딩 5층에 있다.

제5장 fight
인천상륙작전과 베트남전쟁

1. 맥아더 장군이 인천상륙작전을 구상한 한강변은?

2. 해병대는 어떻게 인천상륙작전에 참가하게 되었나?

3. 인천상륙작전에는 해병대만 참가한 것이 아니다.

4. 인천상륙작전이 실시된 해안은?

5. 청룡부대는 어떻게 베트남에 파병되었나?

6. 대한민국 해병대가 3만 명을 넘었다.

1. 맥아더 장군이 인천상륙작전을 구상한 한강변은?

1950년 6월 25일 북한의 불법남침으로 전쟁이 발발하였다. 그리고 6월 28일 11시 30분에 북한군은 서울에 진입하였다.

정부는 풍전등화와 같은 위기에서 벗어나기 위해 미국과 유엔에 지원을 호소하였고, 정부의 요청을 받은 미국의 트루먼 대통령은 6월 28일 북한의 무력침략을 격퇴하기 위하여 "대한민국에 필요한 군사원조를 제공할 것을 권고"하는 제2차 결의안을 제의함으로써 자유진영의 행동통일을 촉구하였다. 아울러 "침략자 북한에게 영향력을 행사하여 38°선으로 철퇴를 실현토록 권유하라."는 통첩을 소련 외무성에 전달하였다.

1950년 6월 29일, 일본의 도쿄에서 미 극동군사령관인 맥아더(MacArthur) 원수가 15명의 수행원과 함께 한강방어선을 방문하였다. 맥아더 장군 일행은 그의 전용기 바탄호(the Bataan, C-54 수송기)를 타고 일본의 하네다 공항을 출발하여 오전 10시에 수원비행장에 도착하였다. 그는 곧 극동군사령부 전방지휘소가 설치되어 있는 수원농업시험장에서 처치(John H. Church) 준장으로부터 전황보고를 받은 다음, 전선을 살펴보기 위하여 1번 국도를 따라 북상하여 시흥지구전투사령부(시흥 보병학교)를 방문하였다.

시흥지구전투사령부는 6·25전쟁 당시 서울함락 직후 한강 이남으로 붕괴된 채 후퇴한 국군병력을 재편성하여 전선으로 복귀시켜 북한군의 한강 도하를 막기 위해 편성된 부대로 대한민국 최초의 군단급 부대였다. 이 부대는 1950년 6월 28일 설립되었다. 그러나 7월 6일 지금의 육군 제1군단으로 명칭이 변경되었다.

헌병사령관 송요찬 대령과 공군헌병대장 김득용 중령이 경호를 맡았으며 시흥지구전투사령부 참모장 김종갑 대령이 통역을 담당하였다. 맥아더 원수를 맞은 김홍일 사령관은 간략한 전황 보고를 하였다. 이때 그는 현재의 국군은 국내 치안을 유지할 목적으로 창설된 경비대이므로 전면전을 감당하기에는 전투에 필요한 장비와 탄약의 절대량이 부족한 실정임을 강조하고 맥아더 장군 일행을 영등포에서 북한군을 방어 중이던 육군 수도사단의 방어진지로 안내했다.

북한군의 포탄을 무릅쓰고 김홍일 사령관에게 안내되어 육군 수도사단 제8연대 제3대대가 개인호를 파고 방어진을 구축한 동양맥주공장(현재 영등포공원, 두산아파트 일대) 옆의 작은 언덕에 도착한 맥아더 장군은 두 손에 쌍안경을 들고 멀리 한강전선을 관찰하였다. 그리고 이곳에서 인천상륙

작전을 구상했다고 알려지고 있다.

맥아더 장군이 한강전선을 시찰했던 당시의 동양맥주공장이자 현재의 영등포공원에는 "맥아더 사령관 한강방어선 시찰지"라는 표지판이 설치되어 있다.

이 표지판에는 다음과 같이 설명되어 있다.

서울의 영등포공원에 위치한 맥아더 사령관 한강방어선 시찰지. 공원 정문을 들어서자마자 왼쪽의 분수대 옆에 자그마하게 설치되어 있다.

북한군의 남침 직후 맥아더 사령관이 미군의 참전 결정에 앞서 한강방어선 전황을 확인하기 위해 시찰한 장소이다. 1950년 6월 29일 수원비행장에 도착한 미 극동군 사령관 맥아더(Douglas MacArthur)는 전쟁 상황에 대한 보고를 받았다. 이어 전선을 직접 확인하기로 하고, 시흥을 거쳐 한강 전선을 마주한 영등포 동양맥주공장(현 영등포공원) 옆 언덕으로 이동하여 전황을 관찰하였다.

이때 언덕의 진지를 방어하던 한 병사가 "상관이 철수 명령을 내릴 때까지 지키겠다."라고 말하여 맥아더를 크게 감동시켰다. 이날 맥아더의 전선 시찰은 미군의 6·25전쟁 참전에 중요한 계기가 되었다.

한편 이 표지판의 설명처럼 맥아더 장군이 참호 속의 한 병사를 만나 대화를 나누었다는 것은 사실과 다르다. 2006년 6월 24일 조선일보에서는 2013년에 84세로 사망한 故 신동수 씨가 맥아더 장군이 만난 병사라고 보도한 적이 있었다. 그의 인터뷰는 당시 77세인 2006년에 실시되었다. 그러나 당시 신동수 이등중사가 소속되어 있던 부대는 육군 제3사단 제18연대 1대대 3중대였으며, 6월 29일 이들은 영등포구 양화동의 인공폭포공원 인근에 진지를 편성해 놓고 있었다. 하지만 맥아더 장군이 시찰한 한강전선은 그곳과는 다른 곳이었다. 그리고 그곳은 육군 수도사단 제8연대 3대대가 담당하고 있었다.

또한 신동수 씨는 일병이 아니라 이등중사였다.

1954년 7월 10일에 제정된 '병진급령(대통령령 제921호)'의 제2조에 의하면, "본령에서 육군병 및 공군병이라 함은 하사, 일등병 및 이등병을, 해군병이라 함은 일등수병, 이등수병 및 견습수병을 말한다."라고 되어 있어, '이등중사'는 '병'이 아니라 '부사관'으로 분류되고 있음을 확인할 수 있기 때문이다. 당시에는 나중에 상등병으로 대치되는 '하사'까지가 병급이었다. 실제로 6·25전쟁 당시 이등중사 계급은 소대장에서 분대장에 이르는, 현재 부사관에 해당하며 광범위한 직책을 수행한 바 있다.

1957년 1일 7일자로 개정된 '정규군인신분령(대통령령 제1226호)'의 부칙에서도, "본령 시행당시의 일등준위와 이등준위는 본령에 의한 준위로, 일등상사는 상사로, 이등상사는 중사로, 일등중사와 이등중사는 하사로, 삼등병조는 이등병조로 각각 임명된 것으로 간주한다. 단, 본령 시행당시에 이등중사 또는 삼등병조이었든 자의 진급에 있어서는 종전의 규정에 의한 진급연한미달기간은 차기의 진급기간에 가산한다."라고 되어 있어 '일등중사와 이등중사를 하사로 간주'하고 있다.

결국 조선일보에서는 2017년 5월 19일에 다음과 같은 정정기사를 내었다. 본지 2006년 6월 24일자 A9면 '6·25 직후 맥아더를 감동시킨 일등병 찾았다'와 2016년 8월 3일자 A13면 '맥아더 감동시킨 소년병이 내 남편···영화로 만나게 될 줄이야' 기사에서 6·25 당시 한강방어선에서 맥아더 장군과 대화를 나눈 소년병은 고(故) 신동수 씨가 아닌 것으로 드러나 바로잡습니다. 국방부 군사편찬연구소는 17일 "신 씨는 맥아더 장군이 영등포 일대 한강방어선 시찰을 마친 1950년 6월 29일 이후 이 일대 방어를 맡은 8연대에 배속됐다."며 "전사(戰史) 기록상 신 씨가 맥아더 장군과 만날 수 없는 것으로 확인됐다."라고 밝혔습니다.

따라서 지금으로서는 맥아더 장군이 만난 병사가 누구인지 알 수 없다고 하겠다.

2. 해병대는 어떻게 인천상륙작전에 참가하게 되었나?

6·25전쟁 중 인천상륙작전은 전쟁의 전환점을 가져온 커다란 사건이었다. 인천상륙작전은 맥아더 장군이 북한의 남침 이후 인천지역에 대한 작전을 통해 북한군의 병참선과 배후를 공격하여 전쟁을 반전시킨 상륙작전이었다.

따라서 해병대가 인천상륙작전에 참가하였다는 것은 엄청난 행운이었다. 그러나 해병대의 현역이나 해병대를 전역한 많은 사람들은 인천상륙작전에 해병대가 참가한 것은 당연한 것이라고 생각한다. 왜냐하면 해병대 하면 상륙작전이고 상륙작전 하면 당연히 해병대가 참가하는 것 아니냐는 것이다. 그래서 인천상륙작전에 해병대가 참가한 것은 당연한 것이라고 생각한다.
그런데 과연 그럴까?

다음과 같은 추측성 일화가 해병대의 인천상륙작전 참가를 기정사실화 하는 데 한몫하기도 했다.

첫 번째 일화는 다음과 같다.

인천상륙작전에 대한 계획이 구체화됨에 따라 한국의 수도탈환작전에 한 국군이 참가해야 한다는 것에 대해 한·미 양국의 작전 당사자들은 정책적인 차원에서 공감하게 되었다. 그리고 1개 연대규모로 한정된 한국군 참가부 대로는 과거의 서울 주둔 인연과 한·미군 간에 잘 알려진 부대 명성에 비추 어 육군 수도사단 예하의 제17연대가 이의 없이 선정되었다.

그러나 해병대가 통영상륙작전을 성공리에 마치고 1950년 9월 2일 왜관 으로 이동하라는 명령이 내려졌을 때 손원일 해군총참모장은 비밀에 부쳐 져 있던 그 어떤 대작전에 기왕이면 한국 해병대를 참가시키게 해 달라고 신성모 국방장관에게 간청하였다는 것이다. 그리고 신성모 국방부장관은 각별한 배려를 통해 손원일 해군총참모장의 요청을 받아들여 육군 제17연 대를 해병대로 변경하였다는 것이다.

두 번째 일화는 다음과 같다.

미 해병 제1사단장인 스미스(Oliver P. Smith) 장군이 한국 해병대가 신 편부대인 줄 알면서도 기왕이면 같은 해병대를 동반해야지 생리와 배짱이 맞지 않는 육군(제17연대)과는 함께 하지 않겠다고 했다는 것이다.

이와 같은 두 가지 일화가 한국 해병대를 인천상륙작전에 참가하도록 하였다는 것이다. 그러나 이러한 것은 막연한 추측일 뿐이고 사실은 그렇지 않다는 것이다.

맥아더 장군은 계획된 상륙작전을 추진하기 위하여 러프너(Clark L. Ruffner) 소장 주도 아래 '특별계획참모단본부'라는 새로운 참모진을 구성하였고, 상륙부대를 제10군단으로 편성하기로 결심하고 8월 21일에 육군부의 승인을 받았다. 인천상륙작전을 위하여 창설된 미 제10군단의 주요 지상군부대는 미 해병 제1사단과 미 육군 제7사단이었다.

8월 12일자로 미 극동군사령부에서 수립한 인천상륙작전계획이 하달되었다. 그 작전계획에 따라 작전에 투입될 미 제10군단이 8월 중순경에 창설될 당시 작전계획본부에서는 7월 18일 경북 상주군 화서면의 화령장에서 북한군 제15사단 제49연대를 공격하여 섬멸시킨 혁혁한 전과로 전 장병 1계급 특진의 영예를 누린 육군 제17연대(연대장 김희준 중령)를 상륙군의 선봉부대인 미 해병 제1사단에 배속시킬 방침을 세워 놓고 있었다.

육군 제17연대는 6·25전쟁 이전 수도경비사령부(수도사단의 전신)에 예속된 상태로 황해도 옹진지구에서 6·25전쟁 첫날 북한군의 공격을 받았다. 북한군의 공격을 받자 해군함정과 민간어선에 의해 옹진반도에서 철수하여 인천, 군산 등지를 거쳐 대전으로 집결하였다. 그리고 미 육군 제24사단에 배속되어 거창, 합천, 고령 일대에서 북한군과 전투를 하였으며, 8월 10일에는 경북 안강지역으로 이동하여 안강·기계 지구에서 전투를 수행하였다. 비록 미 육군 제24사단에 배속되어 있었지만 육군 제17연대는 수도사단의 예속부대였다. 인천상륙작전을 위한 계획 수립과 미 제10군단의 부대 편성

작업이 일본 도쿄에서 본격화된 것도 바로 이 시기였다. 1개 연대규모로 한정된 한국군 참가부대로는 육군 수도사단 예하의 제17연대가 이의 없이 선정되었다.

미 해병 제1사단에 1개 연대의 한국군 연대를 배속시키려고 했던 작전계획본부의 그와 같은 방침은 작전개념에 입각한 작전의 성과 증대를 도모하기 위한 것이었지만 그때까지만 해도 한국 해병대는 연대 규모의 부대를 보유하고 있지 않았기 때문에 상륙군 선봉 부대와 동반 작전을 수행할 1개 연대의 한국군 부대를 선정할 때 그 대상에 끼일 수가 없었던 것이다.

그런데 육군 제17연대의 인천상륙작전 참가 가능 여부가 문제로 대두되었다. 더구나 8월에 이어 다시 야기된 북한군의 9월 공세로 육군 수도사단은 8월 30일 기계에서, 그리고 9월 4일에는 안강에서까지 물러나야만 했다. 치열한 공방전이 계속되는 동안 사단장 백인엽 대령은 부상을 입고 교대되었으며, 제17연대 장병들도 대부분 희생되었기 때문이다. 이에 따라 인천상륙작전을 위한 한국군 참가부대는 해병대로 변경되었다.

미 해병 제1사단 참모장인 스네데커(Edward D. Snedeker) 대령은 한국군 제17연대는 부산방어선에 투입이 되어 아마도 이용할 수 없을 것 같다고 언급하면서 3,000명에 가까운 한국 해병대를 한국 육군 제17연대와 대치하자고 제안하였다. 9월 3일에 미 극동군사령부에서는 이러한 변경을 승인하였으며, 미 제8군에게 한국 해병대에 화기를 제공하라고 지시하였다.

이후 육군 제17연대는 인천상륙작전에 참가하기 위해 미 제10군단에 배속되어 수도사단에서 배속이 해제되고 육본 직할이 되었다. 9월 14일 밤, 전선을 빠져나온 육군 제17연대는 15일에도 일부 부대가 한차례 적에 대한 마지막 추격전을 펼친 뒤에야 경주로 이동하였으며, 연대의 주력은 열차편으로 15일에 부산에 도착하였다. 전선에서 큰 피해를 입은 육군 제17연대는 그 병력의 대부분을 신병과 병원에서 퇴원한 부상병들로 재편성하였다. 1주일이 안 되는 기간 안에 미 제8군에서 지원된 장비를 갖추고 신병들의 기본사격훈련을 마쳐야 했다. 결국 9월 6일 이후 미 제8군의 예비로 있었던 육군 제17연대는 미 육군 제7사단 잔여부대와 함께 9월 18일에 인천에 상륙하여 19일에 전선에 합류하였다.

결국 18일 오후, 상륙군 후속부대로서는 최초로 미 육군 제7사단 제32연대가 인천에 상륙하였다. 육군 제17연대가 상륙한 시점이 바로 이때이다. 즉, 미 육군 제7사단 잔여부대와 함께 9월 18일에 인천에 상륙하여 19일에 전선에 합류한 것이다.

그러나 9월 18일은 15일에 인천에 상륙했던 부대들이 교두보를 확보하고 이미 인천을 지나 부평, 김포까지 진출한 시기이며 상륙작전은 종료되고 서울탈환작전을 위한 경인지구작전이 진행되고 있었던 시기였다. 따라서 육군 제17연대는 인천상륙작전에는 참가하지 못하고 상륙작전 종료 이후 서울탈환작전에 투입된 것이다.

인천상륙작전 중인 국군 해병대

3. 인천상륙작전에는 해병대만 참가한 것이 아니다.

해병대 현역 및 예비역들은 해병대가 6·25전쟁 당시 인천상륙작전에 참가한 것에 대해 커다란 자부심을 가지고 있다. 인천상륙작전은 6·25전쟁의 반전을 가져온 중요한 작전이었기 때문이다. 그렇다면 인천상륙작전에는 해병대만 참가했을까? 그렇지 않다.

인천상륙작전은 1950년 9월 15일, 유엔군사령관이었던 맥아더 장군의 지휘 아래 북한군이 점령하고 있던 인천에서 국군과 유엔군이 펼친 상륙작전으로 제2차 세계대전에서의 스탈린그라드 전투, 미드웨이 해전과 비슷한 비중을 가지고 있다. 국군과 미군은 전쟁 초기에 북한군에게 연패하며 경상도까지 밀려 내려오다가 인천상륙작전이 대성공을 거두면서 전황이 뒤바뀌게 되었다.

인천상륙작전을 수행한 미 제10군단 예하 구성부대 가운데에는 미 해병 제1사단에 배속된 1개 연대 규모의 한국 해병대와 미 육군 제7사단에 배속된 한국 육군 제17연대가 있었다. 특히 한국 해병대는 인천상륙에 성공한 뒤 낙동강 방어선의 남서쪽 끝에서 통영지역을 방어하고 있던 해병 독립 제5대대까지 인천으로 후속상륙을 하여 합류함으로써 서울탈환작전에는 실질적으로 해병대의 전 부대가 투입되었다. 그러나 미 육군 제7사단에 배속된 한국 육군 제17연대는 낙동강 방어선에서의 전투 참가로 인해 인천상륙작전에는 참가하지 못하고 상륙작전 종료 이후 인천으로 상륙하여 서울탈환작전에만 참가하게 되었다.

한편 미 육군 제7사단에는 약 8,500명의 한국군이 편입되었으며, 또 각급 미군부대에는 통역, 정보 및 기타의 특수 분야에서 상당수의 한국군 또는 민간인들이 활동하였다.

1950년 8월 11일, 유엔군사령관인 맥아더 장군은 미 제8군사령관 워커 장군에게 미 육군 제7사단의 부족병력을 보충하기 위한 방법으로 한국군 약 7,000명을 확보하여 일본으로 보내도록 긴급 지시하였다. 한국정부의 적극적인 협력으로 다행히 요구된 병력은 8월 17일 부산에서 일본으로 출발하게 되었으며, 8월 31일까지 한국군 8,652명이 미 육군 제7사단에 충원

마운트 맥킨리호 함상에서 인천상륙작전을 지휘하는 유엔군 사령관 맥아더 장군(1950.9.15.)

되었다. 이들이 이른바 카투사(KATUSA)의 시초였다.

그리고 국군 외에도 "화랑부대"라고도 호칭되던 전투경찰대가 미군부대에 배속되었다. 인천상륙작전이 실시되기 이전부터 미 해병 제1임시여단에는 낙동강 전선에서 100여 명 규모의 1개 전투경찰중대가 배속되어 있었으며, 미 육군 제7사단에는 한국군이 충원되던 시기에 역시 100여 명 규모의 전투경찰중대가 3개 보병연대에 각각 배속되어 훈련을 받은 뒤 인천상륙작전에 참가하였다. 이 전투경찰대의 임무는 주로 작전부대의 후방에 침투하는 적 게릴라 또는 낙오된 적 패잔병을 색출하는 것이었으나 소탕작전과 전투작전에 직접 참가하는 경우도 적지 않았다. 아마도 경찰이 인천상륙작전에 참가했다는 사실을 아는 사람은 많지 않을 것이다.

해병대는 9월 5일에 부산으로의 이동명령을 받았다. 북한군 게릴라들을 추격하던 해병대 '김성은 부대'의 제2대대는 갑작스러운 철수명령을 받아 공격을 중단하고 진해로 돌아왔으나 다른 대대들은 이미 부산으로 이동하였다. 제2대대는 이미 떠나버린 다른 대대들의 뒤를 따라 다음날에야 부산에 도착하였다. 한국 해병대의 출동 예정병력은 2,786명이었다. 탑재계획에 의하면 대부분의 병력이 APA 피카웨이 호에 승선하도록 되어 있었다. APA는 중장비를 제외한 1개 대대상륙단(BLT)을 탑재시켜 자체 보유 상륙주정(LCVP)으로 적 해안에 상륙을 감행할 수 있도록 건조된 병력수송 위주의 상륙함선이다. 미 해병사단에서는 이때부터 한국 해병대를 편의상 '한국해병대 제1연대'라는 호칭을 사용하였다. 그러나 한국 해병대가 실제 연대단위의 전술 편제를 갖게 된 것은 1950년 12월 말, 원산에서 진해로 철수한 뒤 다시 정비하는 과정에서였다.

국방부 군사편찬연구소에서 발간한 『6·25전쟁사』에 의하면 승합단별로 배치된 부대와 탑승한 함정은 아래와 같다.

승합단	부대	함정
에이블(Able)	사단 직할부대 제1전투근무단(CSG)	1 상륙전기함(AGC), 2 인원수송함(APA), 5 화물수송함(AKA), 9 전차상륙함(LST), 1 로켓포함(LSM), 2 대형상륙정(LSU)
베이커(Baker)	한국 해병대 제1상륙용 트랙터대대	1 APA, 12 LST
찰리(Charlie)	제5해병연대 제73전차대대	3 APA, 12 LST, 3 APD, 3 LSU
도그(Dog)	제11해병연대	1 AKA, 6 LST
이지(Easy)	제1전차대대	2 상륙선거함(LSD), 6 LST
폭스(Fox)	제2공병 특수여단 제96야포대대	1 AKA, 4 LDT

한편, 해군은 인천상륙작전을 위하여 제7합동기동부대 스트러블 해군 제독의 지휘 아래 항공모함, 구축함, 순양함 등 미국을 비롯하여 8개국 261척의 함정(미국 225, 영국 12, 캐나다 3, 호주 2, 뉴질랜드 2, 네덜란드 1, 프랑스 1, 한국 15)이 참가하였다. 한국 해군에서는 9월 13일 12:00에 PC 701함을 기함으로 하는 PC 704함, JMS 306·302·307·303정 등 6척은 청도에 집결하였고, PC 702함을 기함으로 하는 PC 703함, YMS 502·501·503·512·513·510·515정 등 9척이 18:00에 덕적도에 집결하였다.

이와 같이 4척의 PC급 초계함, 4척의 JMS급 소해정, 그리고 7척의 YMS급 소해정 등 15척의 해군 함정들이 인천상륙작전에 참가하여 작전의 일익을 담당하였다.

결과적으로 인천상륙작전에는 해병대 제1연대, 전투경찰대 화랑부대, 해군에서는 4척의 PC급 초계함, 7척의 YMS급 소해정, 4척의 JMS급 소해정 등 15척의 해군함정 등의 한국군 부대가 참가하였던 것이다.

4. 인천상륙작전이 실시된 해안은?

'2021년 지적 통계'에 따르면 2020. 12. 31. 기준 전국 지적공부(토지·임야대장)에 등록된 필지 수는 39,192천 필지, 면적은 100,413㎢로 전년 대비 11.3㎢가 증가하였다. 이는 여의도 면적(윤중로 제방 안쪽 기준) 2.9㎢의 약 4배에 달하는 것으로 간척사업, 공유수면 매립(공유수면에 흙, 모래, 돌, 그 밖의 물건을 인위적으로 채워 토지를 조성하는 것) 등 각종 개발 사업으로 인해 지적공부에 등록된 면적이 증가되었기 때문인 것이다.

지난 10년간 주요시설 증감추이를 살펴보면, 2011년 지적통계 대비 산림·농경지(임야·전·답·과수원)는 1,847㎢ 감소(-2%)하였고, 생활기반시설(대·공장용지·학교용지·주유소용지·창고용지)은 885㎢ 증가(23%)하였으며, 교통기반시설(주차장·도로·철도용지)은 573㎢ 증가(19%)하였고, 그 외의 토지(목장용지·광전지·제방·하천·구거·종교용지·잡종지)도 768㎢ 증가(9%)하였다.

이와 같이 우리나라 국토의 면적이나 상태는 계속적으로 변화하고 있다. 그럼 1950년 9월 15일에 실시된 인천상륙작전의 상륙장소는 지금의 어디일까?

1950년 9월 15일 새벽 유엔군사령관 맥아더 장군의 지휘로 실시된 인천상륙작전은 6·25전쟁의 전황을 역전시키는 전기가 되었다. 인천상륙작전을 본격적으로 시작하기 전에 상륙지역을 고립시키기 위한 공중 폭격이 9월 4일부터 15일까지 계속되었다. 그리고 9월 15일 새벽 맥아더 장군이 직접 관측하는 가운데 상륙작전이 개시되었다.

인천상륙작전 당시 인천에 부대가 상륙하기 좋은 해변이 세 곳 있었다고 한다. 미군은 작전 계획에서 이 세 곳 해변의 이름을 그린비치, 레드비치, 블루비치라 명했다. 1950년 9월 15일 유엔군사령관 더글러스 맥아더 장군이 이끄는 유엔군과 한국군은 이 세 지점을 통해 인천상륙작전을 감행했다.

그렇다면 이 세 지점은 오늘날 어디일까?

아래의 지도만 봐서는 이 지점들을 알 수가 없다.

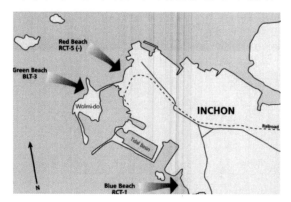

인천상륙작전은 2단계로서 제1단계는 월미도에 상륙하여 점령하는 것, 제2단계는 인천에 상륙하는 것이었다. 그에 따라 유엔군은 인천의 세 개 지점에서 상륙작전을 감행하였다. 제1단계 상륙장소는 녹색해안(Green Beach)이라 명명한 월미도였다. 제2단계 상륙장소는 각각 적색해안(Red Beach)과 청색해안(Blue Beach)이라 명명한 현재의 인천광역시 중구 북성 동과 인천광역시 미추홀구 용현동 낙섬 사거리였다.

제1단계였던 월미도에 대한 상륙작전은 오전 5시 공격준비사격으로 시작 되어, 오전 6시 30분경 상륙하여 오전 7시 50분에 월미도를 완전히 점령하 였다.

해안포와 동굴진지가 갖추어진 소월미도를 먼저 제압하여 상륙작전의 안 전을 확보하였다. 작전 당일(9월 15일) 오전 6시에는 최선봉인 미 해병 제1 사단 제5연대 제3대대가 월미도 북단의 그린비치로 돌격하여 6시 30분 경 교두보를 확보하고 11시 15분에는 소월미도까지 점령했다. 해안에 있는 침 몰선의 잔해로 인해 후속차량 및 병력들은 우회하여 상륙하였다.

제2단계 상륙은 오후 만조 시에 이루어졌다. 미 해병 제5연대는 오후 5시 30분경 레드비치에 상륙하여 묘도 고지를 점령하였다.

이들에게는 북성포구로 상륙해서 인천항을 확보하는 임무가 부여되었으 며, 높은 방파제를 돌파하기 위하여 일본에서 나무사다리 수천 개를 긴급히 공수하였다. 미 해병 제1사단 제5연대 제1대대와 제2대대는 오후 5시 30분 레드비치에 상륙하여 곧바로 인천 시가지 소탕작전에 들어갔고, 일부 병력은 해안경비를 맡으며 후속상륙병력을 도왔다. 허를 찔린 북한군은 인천 곳곳에 위치한 벙커에서 저항했으나 미군은 인천항의 도크를 확보한 후, 감제고지를 탈환하고 잔존 북한군을 시가지 쪽으로 몰며 소탕해 나갔다.

미 해병 제1사단 제1연대도 큰 저항 없이 오후 5시 30분 경 블루비치에 교두보를 확보했다. 그날 밤늦게까지 상륙 지점 인근의 소탕작전을 완료한 뒤 9월 16일 오전 7시 30분 제5연대와 제1연대는 상호 합류하여 인천 전역에 대한 수복 작전을 실시하였고, 해질 무렵 인천시의 대부분을 점령하였다.

그 후 미 해병 제1사단 제5연대와 제1연대, 그리고 한국 해병 제1연대는 경인가도 방면으로 진출하여, 9월 18일 김포공항을 탈환하고 9월 28일에는 서울을 수복하였다.

인천상륙작전 참전회에서는 상륙작전의 역사적 의미를 기리기 위해 1994년 9월에 오석 표지석을 블루비치, 레드비치, 그린비치 세 곳에 건립하였다. 각 표지석의 형태는 세 곳 모두 화강암 좌대 위 오석 비석에 음각하여 글이 새겨진 형태이다.

인천시 월미 문화의 거리에 설치된 "녹색해안" 표지석

인천광역시 중구 월미 문화의 거리 선착장 우측에 세워져 있는 인천상륙작전 상륙지점 표지석에는 다음과 같은 안내문이 씌어져 있다.

이 지점은 1950년 9월 15일 새벽 유엔군사령관 더글러스 맥아더 원수가 전함 261척과 상륙군 미 해병 제1사단, 한국 해병 제1연대를 진두지휘하여 역사적인 인천상륙작전을 성공한 3곳의 상륙지점(적색해안, 청색해안, 녹색해안) 중 한 지점이다.

인천의 대한제분 출입문 좌측에 있는 "적색해안" 표지석

인천 용현동의 도로가에 위치한 "청색해안" 표지석

8부두 근처 대한제분 출입문 좌측에 적색해안 표지석이 있다. 지금은 표지석의 위치가 Beach라는 이름이 무색한 장소에 설치되어 있지만 대한제분 안에 숨어 있는 북성포구가 해안이었음을 말해준다.

인천광역시 남구 용현동 해안도로가에 인천상륙작전 상륙지점 표지석인 청색해안 표지석이 세워져 있다. 이곳은 낙섬 사거리에서 아암로를 타고 제2경인고속도로 방향으로 100m 가량 직진하면 우측 인도 위에 설치되어 있다.

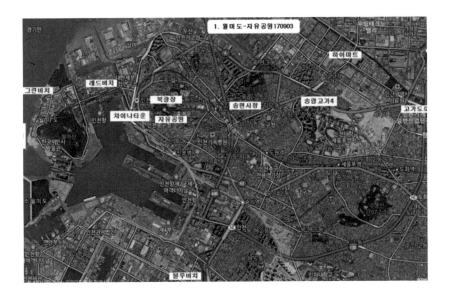

5. 청룡부대는 어떻게 베트남에 파병되었나?

해병대는 대한민국 정부 수립 이후 최초의 해외파병부대가 되었다. 그러나 파병과정에 대해서는 주로 여담이나 회고 등에 의하여 그 과정들이 알려지고 있다. 회고록은 일정한 시간이 경과된 후 개인의 기억에 의해 기록되는 것이므로 반드시 정확하다고는 할 수 없다. 그러나 최근에는 이에 대한 여러 기록들이 공개되고 있기에 좀 더 정확한 내용을 확인할 수 있다.

따라서 여기에서는 회고록에 의한 파병과정이 아니라 공개된 자료에 의한 해병대의 파병과정에 대하여 설명을 하도록 하겠다.

1965년 6월 21일, 전투부대 파병을 요청하는 남베트남 정부의 공한(公翰: 1965년 6월 14일자)을 접수한 정부는 6월 23일부로 합동참모본부에 '월남공화국 지원을 위한 기획단(이하 파병기획단)'을 설치하여 한국군 전투부대 파병과 관련된 제반 문제를 본격적으로 검토하기 시작하였다.

이에 앞서 해병대사령부는 1965년 3월, 공병 1개 중대를 비둘기 부대에 배속하여 남베트남에 파병한 이후 머지않아 전투부대의 파병이 이어질 것으로 판단하고 자체적으로 운용하고 있던 '해병대 정책연구위원회'로 하여금 '해병 전투부대 파병안(案)'을 연구하도록 구두지시(1965. 5. 12.)하였다.

이에 따라 '해병대 정책연구위원회'는 파병규모를 1개 여단으로 상정하고, 3개의 구체적인 편성안(A, B, C)을 검토하였다. 이 결과 3개 보병대대와 1개 포병대대 및 직할중대로 편성되는 5,800여 명 규모의 A안을 내부적으로 확정하였다. 해병대사령부는 사령부 작전준비지시 제1호(1965. 6. 4.)에 따라 1개 여단의 편성과 교육훈련을 포함한 출동준비태세를 갖추도록 제1상륙사단장에게 지시하였다. 이에 따라 제1상륙사단장은 예하의 제2연대를 모체로 하는 파병부대 편성에 착수하게 되었다.

한편 합참의 '파병기획단'은 자체의 '파병부대 편성지침'을 마련하여 1965년 6월 26일, '제1차 파병기획단 회의'를 소집하여 편성지침에 대한 토의를 가졌다. 이 토의에 해병대에서는 해병 제1연대장 정태석 대령과 사령부 감찰감 유국태 대령이 '파병기획단' 요원으로 참가하고 있었다. 합참에서의 토의 이후인 6월 29일, 한미 연합회의를 거친 '파병부대 편성지침'은 국방부지령 제8호(1965. 6. 29.)로 확정되고, 각 군에 하달되었다.

그런데 확정된 '파병부대 편성지침'은 "1개 사단 규모로 편성하되, 육군 보병사단(−1) 및 해병 1개 연대와 지원부대로 편성한다."는 것이었다. 따라서 해병대사령부는 자체적으로 준비하고 있던 여단편성안(案)을 조정하여 7월 12일부로 '해병 파월부대 목록(해병발 4831호)'을 합참에 제출하였다.

해병 파월부대 목록에는 해병 제1사단 제2연대, 해병 제1사단 포병연대 제2대대, 해병 제1사단 의무대대 제2치료 및 수용중대, 해병 제1사단 본부대대 일부, 해병 제1사단 근무대대 일부를 포함하여 총인원 4,130명(장교 206명, 부사관 및 병 3,924명)으로 편성하였다.

주월 한국군사령부와 함께 해병연대의 편성안이 국방부의 승인을 얻어 확정되자, 해병대사령부는 제1연대장으로 근무 중인 정태석 대령을 파월되는 제2연대장에 임명하고, 부대 편성과 교육훈련에 착수하도록 하였다. 이어서 1965년 8월 13일, 제52회 국회 본회의에서 국군 1개 사단 파병안이 통과되었으며, 국방부는 8월 16일부로 '전투부대 월남 파병지시(국방부지령 제10호)'를 정식으로 하달하였다. 이에 따라 파병되는 제2해병연대장 정태석 대령은 8월 27일 작전장교를 대동하고 육군 수도사단을 방문하여 파병에 따른 협조사항을 마무리 지었다. 그리고 8월 31일부로 해병부대를 지원할 육군의 155mm 포병 1개 중대와 야전공병 1개 중대가 배속되었으며, 이들 부대는 9월 6일 포항에 도착하여 청룡부대와 합류하였다.

한편 국방부는 8월 18일, 작전지역 현지답사와 아울러 미국 및 남베트남과 군수지원 및 상호협조 사항을 사전에 협의하기 위해 이세호 육군소장을 단장으로 한 연락장교단을 남베트남에 파견하였다. 이때 연락장교단에는 해병대사령부의 작전교육국장이던 김연상 해병준장이 포함되어 해병부대의 파병에 따른 제반사항을 조치하도록 하였다.

그 후 9월 8일, 남베트남 현지를 방문하고 복귀한 연락장교단은 파병부대의 주둔지와 임무에 대해 "수도사단(−)은 꾸이년(Quy Nhon)에, 해병연대는 깜라인(Cam Ranh)에 각각 분리하여 주둔하게 될 뿐만 아니라 독립적인 임무를 수행하게 될 것이다."라고 보고하였다. 이에 해병대사령부는 해병대의 독립적인 임무수행을 고려하여 파병부대를 여단급 규모로 확대해 줄 것을 국방부에 건의하였다.

국방부는 해병대의 건의를 검토한 결과 "1965년 9월 20일부로 제2해병연대를 제2해병여단으로 개칭하는 동시에 여단장을 준장으로 임명하라."는 수정지시를 하달하였다. 이와 같이 해병대의 건의가 국방부에 의해 승인되자, 해병대사령부는 사령부 관리국장이던 이봉출 준장을 여단장에 임명하고, 이미 연대장으로 임명되었던 정태석 대령을 참모장에 임명하였다. 이어서 제2연대를 제2여단으로 개편하는 작업에 착수하였다.

이때 파병을 위한 인원 선발은 해병대의 전통에 입각하여 투철한 해병정신을 소유한 자를 선발하는 데 주안을 두었다. 또한 파병을 위한 교육훈련은 1965년 7월 1일부터 개인훈련, 대대단위 야외훈련, 연대 전투훈련 및 야외기동연습, 대게릴라전 및 중대단위 주야간 전투훈련, 정글지대 작전 및 이동 간 즉각조치훈련과 헬기 탑승훈련, 해양훈련과 M1 검정사격 등을 단계적으로 실시하였다.

이와 같은 마무리 단계의 인원 편성과 교육훈련이 진행되는 가운데 1965년 9월 20일 오전 10시에는 포항의 훈련기지에서 박정희 대통령을 비롯한 3부 요인과 주한 외교사절, 한·미 양군의 주요장성, 파월장병 가족과 포항시민이 참석한 가운데 파월 청룡부대의 결단식을 거행하였다. 이어서 청룡부대가 파병을 위한 제반준비를 완료하자, 국방부는 출국명령(지령 제12호,

1965. 9. 21.)을 하달하였다. 이에 따라 해병 제2여단은 10월 2일 열차편으로 포항을 출발하여 부산에 도착한 다음 10월 3일 부산항에서 육군 선발대와 함께 미 해군 수송함 편으로 남베트남을 향해 출항하였다.

1965년 10월 2일, 미 해군의 수송함인 '가이거'호와 '엘틴저'호에 승선을 완료한 파월 장병들은 다음날인 10월 3일, 부산항 제3부두에서 국민들의 열렬한 환송과 함께 역사적인 장도에 올랐다.

한편 파병부대로 지정된 육군 수도사단은 국본 일반명령(육) 제30호(1965. 8. 20.)에 따라 부대 편성에 착수하는 한편, 4주간의 교육훈련을 완료하였다. 이어서 동년 9월 15일에는 해병 제2여단 참모장 정태석 대령 등 10명과 함께 계획단이 김포공항을 출발하여 사이공(Saigon)에 도착하였으며, 9월 25일에는 해병대 선발대요원 95명과 육군 군수지원사령부 선발대 172명이 김포공항을 출발하여 남베트남 중부의 냐짱(Nha Trang)에 도착하였으며, 10월 16일에는 본대인 육군 수도사단(-1)이 부산항을 출발하여 10월 22일 베트남의 중남부 항구도시인 꾸이년(Quy Nhon)에 상륙하였다. 후속부대인 제26연대는 1966년 4월 6일 부산항을 출항하여 4월 16일 꾸이년(Quy Nhon)에 상륙함으로써 수도사단은 완전 편성된 사단체제를 갖추고 본격적인 작전임무를 수행하였다.

파월 해병 제2여단 결단식(1965. 9. 20.)

6. 대한민국 해병대가 3만 명을 넘었다.

대한민국 해병대가 3만 명을 넘었던 때가 있었다. 상상만 해도 행복한 일이다. 현재의 모습이 그렇지 않기 때문이다. 그렇다면 과연 대한민국 해병대의 병력은 어떠한 과정을 거쳐 3만 명을 넘게 되었으며, 현재의 병력은 어느 정도 될까?

대한민국 해병대는 1949년 4월 15일 경남 창원시 진해 덕산비행장에서 380명의 인원으로 본부와 2개 소총중대를 편성하여 탄생했다.

1949년 8월 1일 해군에서 장교와 부사관을 증원받고 해군 제14기 중에서 해병 제2기로 440명을 특별 모집하여 3개 소총중대를 증편한 해병대는 1949년 8월 26일 해병 제1기로 구성된 제1중대와 제5중대를 기간으로 '김성은 부대'를 편성하여 진주에 파견하였다.

1949년 11월 7일에는 해군 제14기 수료자 중 추가로 선발된 200명이 해병대에 전입하여 제7중대를 신편함으로써 병력이 1,200명으로 증가되었다. 그리고 만 4개월 동안 경남 진주에 주둔하면서 민심수습, 선무공작, 훈련 및 공비소탕 등을 통해 많은 성과를 거둔 '김성은 부대'를 포함하여 해병대는 12월 28일 제주도에 도착하여 육군 독립 제1대대와 교대하였다. 해병대는 제주도에서 1950년 1월 1일부로 제주읍부대와 모슬포부대(2개 대대)로 개편되었으며 병력은 6,673명이었다.

6·25전쟁이 발발하자 1950년 7월 13일에 모슬포부대 제1대대를 '고길훈 부대'로 편성하여 군산지구전투에 투입하였다. 그리고 제주도에 주둔하고 있던 해병대에는 해병 제3·제4기로 3,000여 명에 달하는 인원이 지원하여 3개 대대가 되었다. 이후 인천상륙작전과 원산상륙작전을 통해 북한까지 진출했던 해병대는 경남 진해로 철수하였다. 그리고 1951년 5월 20일 해병 대사령부는 부산 용두산으로 이동하였다. 그해 9월 4일에는 미국으로부터 13,476명에 대한 군사원조 및 장비를 승인받았다.

부산의 해병대사령부는 1952년 12월 1일 보급, 통신, 병기, 공병, 법무감실 등을 신편하고 12월 23일에는 19,880명에 대한 군사원조 및 장비를 승인받았으며, 1953년 2월 1일에는 진해에 있는 해병학교, 해병훈련소, 통신 및 수송학교 등을 통합하여 교육단을 편성하였다.

휴전 이후 해병대는 1953년 7월에 23,500명에 대한 개인장구 지원을 미국으로부터 승인받았다. 1955년 1월 15일에는 대통령령에 따라 제1여단이 '사단'으로 정식 승인되어 1월 15일 LVT대대와 해안대대, 2월 1일 제11연대, 2월 3일 전차대대, 2월 7일 공병대대 등을 편성한 후 1955년 3월 15일 한국의 유일한 전략기동부대인 상륙전 전투사단을 편성 완료함으로써 해병사단이 탄생하였다.

1955년 3월 26일 부산에서 서울로 이동한 해병대사령부는 제1사단, 서해도서부대, 교육단, 보급정비창, 포항부대, 상륙부대 훈련대 및 진해, 목포, 제주, 부산, 묵호, 인천 등 6개 해군기지 경비임무를 담당하는 '막사'를 확충하였다. 그리고 1955년 6월 1일 27,500명에 대한 군사원조 및 장비를 승인받았다. 1958년 3월 1일에는 항공관측대를 신편하였으며, 4월 15일에는 "해병 제1상륙사단"으로 개편하고 1959년 3월 12일 금촌에서 포항으로 이동하였다.

이처럼 창군 이후 지속적으로 부대를 증편하면서 비약적인 발전을 거듭해오던 해병대는 1958년도 미국의 대외군사원조 예산이 대폭 삭감됨에 따라 국군의 병력수준을 72만 명에서 63만 명으로 감축되는 1959년 1월 1일 제1차 감군 시 27,500명에서 1,500명이 감축되어 26,000명으로 조정되었다. 또한 국방비를 절약하여 경제발전에 전용한다는 명목으로 1961년 1월 10일 단행된 제2차 감군 시에는 국군의 병력수준이 63만 명에서 60만 명으로 감축됨에 따라 다시 900명이 감축되어 해병대는 25,100명으로 조정되었다.

1960년대 초에는 해군과 공군의 장비 현대화에 따른 신형장비 도입으로 인한 증가소요를 충족시키기 위해 국군의 병력수준이 조정되었다. 이 무렵인 1963년 6월 3일 국군편 912213-19호에 의하여 해병대는 100명이 감축됨으로써 다시 25,100명에서 25,000명으로 조정되었다. 이후 1965년 5월 17일에는 국기관 912-222호에 의하여 다시 40명이 감축됨으로써 해병대는 25,000명에서 24,960명으로 조정되었다.

베트남 전쟁 당시 1965년 초에 제1독립공병중대(장교 7명, 사병 158명)를 파병한 이후 10월에 제2여단(청룡)인 전투부대(장교 230명, 사병 3,927명)를 파병하고 1966년 2월에는 주월 한국군사령부 행정요원(33명)을 파병함으로써 총 4,355명이 파병된 해병대는 인가병력 24,960명 중 2.5%인 예산 삭감병력 624명을 제외한 19,981명으로 국내에 있는 각 부대의 병력을 조정하였다.

제1상륙사단에서 제2여단인 청룡부대를 편성하여 파병함으로써 사단의 기능이 마비상태에 이르게 됨에 따라 파병으로 인하여 감소된 전투 병력을 파병 전으로 환원하기 위해 우선 각 부대를 효율적으로 운영하면서 제1상륙사단의 전투력 정비를 강화하는 한편 정부에 병력 증원을 건의하였다. 그 결과 청룡부대의 파병으로 인하여 해병대 고유의 기능에 지장을 초래하지 않을까하는 우려와 여론에 따라 1966년 10월 4일 국기관 912-766호로 5,470명이 증가됨으로써 해병대 창설 이래 처음으로 3만 명이 넘는 30,430명으로 확장되었다.

1966년 11월 14일에는 신편된 제5연대를 기간으로 하여 1966년 11월 23일 새로운 전투여단인 제5여단이 창설되었다. 그리고 김포반도에서 8년 동안 휴전선을 지키면서 수도서울을 방어하던 제1임시여단의 임무를 1967년 1월 23일에 제5여단에 인계하고 제1임시여단은 제1상륙사단으로 복귀하였다. 이로써 해병 제1상륙사단은 국가전략 기동예비대로서의 기능을 완전히 회복하였다.

베트남 파병을 위한 청룡부대를 창설할 당시에는 병력 사정으로 인하여 여단 단독작전을 수행하는 데 충분한 편성이 되지 못했으므로 파병 이후 병력 증편이 불가피한 실정이었다. 그러나 1966년 12월 1일 비둘기부대로 파병한 제1독립공병중대를 예속 받은 청룡부대는 1967년 6월 30일 국기관 912-426호에 따라 보병 1개 대대를 포함한 여단본부 및 지원중대를 증편함으로써 해병대 총병력은 30,430명에서 2,120명이 증가된 32,550명으로 증원되었다. 청룡 제5대대는 1967년 8월 29일 베트남에서 신고식을 거행하였다. 그러나 국군장비 현대화로 인하여 국군의 병력수준을 조정하게 됨에 따라 1967년 8월 9일 국방부합작기 952-532호에 따라 베트남 파병으로 인한 증가 병력 7,590명을 제외한 24,960명에서 140명이 감소되어 국내 인가병력은 24,820명으로 조정되었다. 다음해인 1968년 10월 22일에는 국방부합작기 952-686호에 따라 다시 50명이 감소됨으로써 국내 인가병력이 24,770명으로 조정됨에 따라 해병대 총병력은 32,360명으로 확정되었다.

베트남 파병부대인 청룡부대가 1972년 2월 27일 제5대대를 마지막으로 6년 5개월 만에 귀국하였다. 그리고 국기관 912-16호(1972. 1. 24.)에 따라 청룡부대는 1972년 3월 10일에 김포반도에서 휴전선을 지키며 수도서울을 방어하는 제5여단의 임무를 인수하였다. 그리고 베트남 참전의 의의와 전통을 계승하기 위하여 제5여단을 제2여단으로 개칭하였으며, 같은 날 제5여단은 해체되었다.

한편 베트남 파병 증가 병력인 7,590명이 복원 처리되어 해병대의 정원은 32,360명에서 24,770명으로 조정되었다. 따라서 제2여단이 복귀 시 완전사단으로 편성하려던 사단 편성 개념에 차질을 초래하였다. 그런 가운데 1972년 6월 15일에는 국기관 912-81호에 따라 해군과 공군의 장비 현대화 요원이 증편됨에 따라 예산 삭감 병력인 321명이 감축되어 해병대 정원은 다시 24,770명에서 24,449명으로 조정되었다.

파병 증가 병력과 예산 삭감 병력의 계속적인 감축으로 부대 개편이 불가피하게 된 해병대는 전투력의 계속적인 유지를 위하여 후방의 행정 및 군수지원부대와 부수병력을 조정하여 1972년 9월 10일 해본인명 제1호(1972. 2. 11.)에 따라 부대를 개편하였다.

이에 따라 부대를 전투력 위주로 강화하기 위하여 후방의 행정 및 군수지원부대를 과감히 조정하여 완전사단을 편성 유지함으로써 국가전략기동군으로서 보다 완벽한 전략태세를 확립할 수 있도록 한 새로운 편성안이 1973년 6월 30일 완료되어 국방부의 승인을 받기 위해 준비하고 있었다. 그러던 중 1973년 7월 10일 해병대 운영 개선에 관한 국방부훈령 173호를 접수하였다. 해군본부에 해병참모부가 신설되고 해병대 병력은 4,150명이 줄어든 20,299명이 되었다. 그리고 1973년 8월 31일 국기관 912-71호에 따라 74명이 해군함대 항공대 증편요원으로 삭감되어 20,225명으로 조정되었다. 그리고 1973년 10월 10일 해병대가 해체될 때에는 21,105명이었다. 이후에도 1978년에는 항공병과 정원이 해군에 통합되었다. 그리고 1981년에는 경리병과 정원이 해군에 통합되었고, 1985년에는 정훈병과의 정원까지도 해군에 통합되었다.

이후 계속적인 병력의 조정을 통해 1987년 11월에 해병대사령부가 재창설되었을 때에는 25,893명이었다.

창설 당시 380명 이었던 해병대가 6·25전쟁 참전과 베트남전쟁 파병 과정을 거치면서 최대 32,550명까지 병력규모가 커졌다. 그러나 베트남 파병 인원이 귀국 후 파병으로 인해 증가된 인원을 해병대 정원에서 제외하고, 해병사령부가 해체되는 과정을 거치면서 항공병과, 경리병과, 정훈병과의 정원이 해군에 통합되었다.

해병대사령부가 재창설 되었지만 현재까지도 해병대의 정원은 3만 명을 넘지 않고 있다.

제6장 man
해병대를 세운 사람들

1. 해병대의 필요성을 최초로 제안한 이상규 소령

 1948년 11월 30일에 제정된 국군조직법 제2조에는 "국군은 육군과 해군으로서 조직한다."라고 명시되어 있다. 그리고 부칙 제23조에는 "본 법에 의하여 육군에 속한 항공병은 필요한 때에는 독립한 공군으로 조직할 수 있다."라고 명시되어 있다. 이처럼 대한민국 정부 수립 초기의 국군조직법에는 육군, 해군, 공군에 대하여 명시하고 있다. 그러나 "해병대"에 대해서는 명시하고 있지 않다.

 그런데 1949년 4월 15일에 해병대라는 조직이 창설되었다. 그리고 5월 5일에 대통령령 제88호로 추인되었다. 누군가 해병대가 필요하다고 제안하였기 때문에 해병대가 창설되었을 것이다. 누가 해병대가 필요하다고 제안했을까? 대부분의 경우 1948년 10월 19일의 여·순 사건 진압 이후 통제부 참모장 신현준 중령이 당시 해군총참모장 손원일 제독에게 보고한 전투상보에 의한 것으로 기억하고 있을 것이다. 또 한편으로는 당시 해군의 JMS 302정장 공정식 소령이 보고한 자료에 기록되어 있다고 할 것이다.

과연 누구의 말이 옳고, 어떤 것이 사실일까?

누가 해병대 창설을 제안한 것인지에 대해서는 해군의 기록과 국방부 공간사의 기록은 대부분 일치한다. 그런데 해병대의 기록에는 이에 대해 명확하지 않고, 창설기 인원들의 회고록은 공간사와 커다란 차이가 있다.

해병대사령부에서 발간한 최초의 기록은 1953년 3월에 발간한 『해병전투사-제1부』이다. 이 책에서는 "여·순 사건을 계기로 하고 당시 내무부장관인 신성모 씨가 외국에서 항해에 종사하였던 관계로 해병대가 창설되어야 할 것을 강조했고 만일 여·순 사건 때 해병대가 있었더라면 반란은 곧 진압되었을 것이라고 말하였다. 그리고 이런 말이 당시 국방부장관인 이범석 씨에게 전달되자 해군 내에서도 손원일 준장, 김성삼 대령, 김영철 대령의 수뇌자들이 해병대 창설에 대하여 토의하게 되었다."라고 기록하고 있다.

이 글에서는 해병대 창설에 대한 건의를 내무부장관인 신성모 씨의 언급이 국방부장관인 이범석 씨에게 전달되어 해군 수뇌부에서 토의하게 되었다고 한다.

이후 해병대사령부에서 1961년에 발간한 『해병발전사(해병12년사)』에서는 "이 작전(여·순 사건 진압작전)이 끝난 후 당시의 지휘관 간에 해병대의 필요성이 논의되고 급기야는 해병대의 창설을 건의하게 되었다."라고 간략

하게 기술되어 있다.

누가 건의했는지에 대한 언급은 없다.

그리고 해병사령부에서 1963년에 발간한 『해병전투사—제1집』(증보판)에서는 1948년 10월 여·순 사건 진압과정에서 해군의 신현준 중령이 지휘한 부대가 해상으로 도주하는 반란군을 섬멸하는 것을 보고 "해군에서 구미의 해병대를 모방하여 이를 창설할 것을 논의하게 되었다. 당시 해군총참모장 손원일 준장을 위시한 수뇌부들이 토의하고 해병대 창설계획을 적극 추진하여 김성삼 대령이 기안한 편성안이 결국 승인되어 해군기지경비라는 명목으로 그 창설을 보게 되었다."라고 기술하고 있다.

누가 창설을 제안했는지에 대한 언급은 없다.

해병대사령부에서 해병대 창설 60주년에 즈음하여 2009년에 발간한 『해병대 60년 약사』에서도 구체적인 언급이 없이 "해군참모총장 손원일 준장을 위시한 해군 수뇌부가 해병대 창설계획을 적극 추진하였으며, 당시 국방부장관 이범석 씨도 이의 필요성을 인정하여 마침내 승인을 보게 된 것이다."라고만 기술되어 있다.

해병대사령부에서 2012년에 발간한 『6·25전쟁 해병대전투사』에는 "해병대 창설 움직임은 여·순 사건의 진압작전에 참가했던 임시정대사령의 건의로부터 시작되었다."라고 기록하고 있다. 당시 임시정대사령이 건의했다는 사실은 기록하고 있지만 임시정대사령이 누구인지는 기록하고 있지 않다. 또한 "여·순 사건 진압작전에 참가했던 해군 지휘관들이 육전대의 필요성을 제기했다."고 기술하고 있다. 그리고 "신현준 중령에게 과거 일본 해군의 육전대나 미국의 해병대 같은 상륙군 부대를 해군 내에 창설하는 방안을 연구하도록 지시했다."라고만 기록하고 있다. 결국 누구인지는 잘 모르는 임시정대사령이 건의하였고, 신현준 중령에게 창설방안을 연구하도록 하였다는 사실만 기록된 것이다.

이와 달리 해군의 기록에는 해병대 창설을 제안한 사람에 대해 구체적으로 기록하고 있다.

해군본부 전사편찬관실에서 1954년에 발간한 『대한민국해군사-행정편(제1집)』에는 "이 폭도진압작전 기간에 있어서 실전을 통한 경험은 아해군 발전에 적지 않은 참고가 되었으니 당시 임시편대지휘관이었던 소령 이상규가 제출한 실전보고서 중에 다음 몇 가지는 주목되는 바가 있다. (1) 아함정은 방어무기의 불충분으로 접근교전에 불리를 면치 못하였음. (2) 공격병기가 빈약하여 적을 철저히 제압할 수 없음. (3) 통신연락에 있어서 총사령부기지함정의 파장이 동일하므로 통신에 지장이 지대함. 파장종별을 3종 이상으로 판정할 필요가 있음. (4) 해군은 해상전투가 주목적이나 육전대의 필요를 절감하였음.

여수작전에 있어서 해군은 해안봉쇄와 함포사격으로 다대한 성과를 거두었으나 직접 적진에 상륙하여 공격전을 전개하지 못하였던 것이니 만일 이때에 육전대가 보유되었던들 여수수복의 시일을 단축시킬 수 있었을 것이다. 1949년 4월 15일 진해에서 한국해병대가 창설하게 되었으니 이로써 아해군의 전투력은 일층 확충하게 되었다."

이 책에서는 임시편대지휘관이었던 소령 이상규가 제출한 실전보고서에 기록되어 있다는 것이다. 즉 이상규 소령이 처음으로 제안한 것이다.

국방부에서 발간한 자료에도 해병대 창설을 제안한 사람이 누구인지 명확하게 기록되어 있다. 국방부 전사편찬위원회에서 1967년 발간한『한국전쟁사—제1권』에는 다음과 같이 기록되어 있다.

"1948년 10월 19일 여수와 순천지구에 주둔하고 있던 육군 제14연대 내에 잠입하고 있던 좌익분자들의 폭동으로 반란이 일어나 반란군이 여수와 순천을 점거하고 만행을 자행하자 육군은 반란군 진압을 위해 제4연대, 제3연대, 제5연대, 제6연대, 제12연대, 제15연대 등의 병력을 급거 동원하였고, 해군에서는 반군들의 해상 도피 방지와 해안 봉쇄 그리고 해안 공격의 임무를 띠고 해군소령 이상규 지휘 하에 임시정대를 편성하여(충무공, 510, 304, 302, 305, 516, 505정) 진해 및 목포기지에서 급거 현지에 출동하여 10월 22일부터 해안봉쇄작전을 수행하였다. 이 작전은 11월 25일에 이르러 완료됨에 따라 임시정대 편성은 해제되었다.

이 반도진압작전은 짧은 시일 안에 종결을 맺었으나 여기서 얻어진 교훈은 바다에서 육지로 진입하는 상륙전부대의 필요성을 절감케 했다. 이때부터 해병대 창설문제가 대두되기 시작했다. 당시 임시정대 지휘관이었던 이상규 소령은 정대를 이끌고 여수 앞바다에 도착하여 작전을 수행할 때 실전을 통해 몸소 느낀 것은 해군은 함정만으로 포 지원을 할 뿐 실제적으로 바다에서 육지로 상륙하여 전투하는 상륙군이 없으므로 해군에도 상륙전부대, 말하자면 구 일본해군에 육전대가 속한 모양으로 한국해군에도 상륙전부대를 가져야 하겠다는 필요성을 느껴 귀대 후 작전보고서를 제출할 때 다음과 같은 내용을 해군총참모장에게 보고했다.

1. 아함정은 방어무기의 불충분으로 접근교전에 불리를 면치 못하였음.
2. 공격병기가 빈약하여 적을 철저히 제압할 수 없었음.
3. 통신연락에 있어서 총사령부, 기지, 함정의 파장이 동일함으로 통신에 지장이 있었음.
4. 해군은 해상전투가 주목적이나 육전대의 필요를 절감하였음.

이 작전에 대한 보고는 해군작전의 전반에 걸친 언급이었으나 이 가운데서도 가장 절실히 느낀 것은 함정의 장비강화와 해병대의 필요성을 강조한 내용이었다. 또한 "이러한 견해는 이상규 소령만이 느낀 것이 아니고 이상규 소령과 교대하여 소탕지휘관으로 출동한 신현준 중령도 동감해서 해군총참모장에게 건의"를 하였으며, "해병대창설의 문제가 대두되어 논의되자 해군총참모장 손원일 준장은 해군통제부참모장 신현준 중령에게 해병대 창설 문제를 연구건의토록 하였다."라고 기록되어 있다.

이것은 1954년에 발간된 『대한민국해군사—행정편(제1집)』의 내용과 유사하다. 즉 이상규 소령이 해병대 창설을 제안했다고 기록하고 있다.

국방부 군사편찬연구소에서 2003년부터 2013년까지 11권으로 집대성하여 발간한 『6·25전쟁사—제1권』에도 이상규 소령이 해병대 창설을 제안했다고 기록하고 있다.

"여·순 작전에 참가했던 이상규 소령은 손원일 해군총참모장에게 보고한 작전결과보고서에서 육전대(陸戰隊)의 필요성을 강력히 피력했다. 해군 간부들도 이러한 견해에 공감했고, 특히 이상규 소령과 교체하여 잔당 소탕작전에 출동했던 신현준(申鉉俊) 중령도 같은 내용을 손원일에게 보고하였다. 보고를 받은 손원일은 해병대 창설에 관한 임무를 진해특설기지사령부 참모장 신현준 중령에게 부여하고, 여기서 나온 구체적인 창설안을 갖고 신성모 국방장관과 이승만 대통령에게 보고하여 1개 대대 규모의 해병대 창설에 대한 결재를 받게 되었다."

한편 중앙정보부에서 1972년에 발간한 『북한대남공작사—제1권』에도 다음과 같은 기록이 있다.

"여수에서 반란이 일어나자 해군본부에서는 즉시 임시정대를 편성하고 10월 22일 충무공, 510, 304, 302정을 진해에서 출발시켜 여수에 이르러 현지에 대기 중이던 305, 516정(10월 16일에 '맥아더'선을 침범한 일본어선 2척을 여수세관에서 인수하기 위하여)과 목포에서 급파된 505정이 합세하여 여수작전을 개시케 하였다.

즉 해군의 임무는 반란군의 해상 탈출을 봉쇄하고 육군부대를 지원하여 반도진압의 기일을 단축시키는 데 그 작전의 목적이 있었다. 이 작전에서 함대지휘관은 이상규 소령이었고 여수가 육군에 의해서 수복되어 소탕전이 개시되는 27일에는 신현준 중령이 교대되었다.

이 작전에서 해군이 거둔 전과는 반란군 248명을 생포하고 각종소총 96정, 탄약 11,362발을 노획하였으며 선박 6척을 나포하였다.

해군의 손실은 전사 1명, 부상 2명의 인적 피해와 선체에 많은 탄흔을 입었으며 당시 함대지휘관이었던 이상규 소령이 제출한 실전보고서 중에 다음 몇 가지는 중요한 문제점을 제기하여 주었다.

① 아군함정은 방어무기의 불충분으로 접근교전에 불리점을 면치 못하였고,

② 공격무기가 빈약하여 적을 철저히 제압할 수 없었음.

③ 통신연락에 있어서 총사령부, 기지, 함정의 파장이 동일하므로 통신의 지장이 많았음. 파장종별을 3종 이상으로 판정할 필요가 있음.

④ 해군은 해상전투가 주목적이나 육전대의 필요를 절감하게 되었다. 그 중에도 가장 절실히 느낀 것은 함정의 무장 강화와 육전대의 필요성이다.

이와 같은 경험 등이 주된 계기가 되어 1949년 4월 15일 진해에서 한국해병대가 창설되게 되었다.”

그러나 여·순 사건 당시 충무공호 등 7정을 이끌었던 임시 해군 진압책임자였던 임시정대사령관 이상규 소령(李相奎, 군번 80076)은 '해상인민군' 사건에 연루되어 1948년 12월 초에 진해 통제부 관사에서 방첩대에 의해 연행되었다. 그리고 1949년 6월 7일 해군고등군법회의에서 이상규 소령에 대해 '해상인민군'에 가입하고 상부에 이 사실을 알리지 않았으며, 해상인민군 사령관이었던 이항표의 비밀서신을 받은 행위로 징역 2년, 미결구금 산입일은 183일을 선고하였다. 징역 2년형을 선고받고 마산형무소에 갇혀 있던 이상규 소령은 1950년 7월 24일 마산육군헌병대에서 총살되었다. 이후 이상규 소령의 흔적은 해군에서 사라졌다. 이 시기는 군대 내 좌익과 반이승만 세력 숙군작업이 진행되던 시기였다. 이상규 소령뿐만 아니라 다수의 인원이 그들의 군번과 함께 병적에서 사라졌다. 이상규 소령의 군번 80076

도 비어있는 군번으로 남아 있다. 그러나 공간사에서는 그의 이름을 기억하고 있었던 것이다.

하지만 같은 시대를 살았던 인물들의 회고록에서 해병대 창설과 관련하여 이상규 소령의 이름은 전혀 거론되지 않고 있다. 오히려 다르게 회고하고 있다.

1989년에 발간된 신현준 초대 해병대사령관의 회고록『노해병의 회고록』에서는, 10월 19일 여·순 사건을 맞아 "출동하라는 명령을 받은 나는 해군 함정 4척(진해기지에 있던 충무공, 510호, 304호, 302호를 말하는 듯하다)을 이끌고 출동하여, 우선 여수항 주변 일대를 점령한 다음, 해상으로부터 반란군을 진압하는 임무에 종사하였다. 이 작전이 끝난 뒤 나는 해군의 상륙작전 임무를 수행하는 부대, 즉 해병대 창설의 필요성을 부기한 전투상보를 제출하였다. 이것이 바로 한국 해병대 창설을 본격적으로 논의하는 첫걸음이 된 것이라 할 수 있었다."라고 적고 있다.

또한 제4대 해병대사령관이자 전 국방부장관이었던 김성은의 회고록『나의 잔이 넘치나이다』(2008년 발간)에서는 "이때 정대사령관으로 여·순 사건 진압에 참여했던 신현준 당시 해군 참모장은 '해군에도 육지에 상륙하여 적을 무찌를 수 있는 육전대가 필요하다.'는 보고를 전황 시찰 차 내려온 손원일 제독에게 설명했다."라고 회고하고 있다.

공정식 제6대 해병대사령관의 회고록『바다의 사나이 영원한 해병』(2009)에서는 "(여·순 사건) 다음 날인 21일에는 임시정대를 편성해 진압작전에 참가하라는 손 제독의 명령이 하달되었으나 이는 실행되지 않아 302

정 단독으로 해상작전을 수행하였다."라고 회고하고 있다. 그리고 "해병대 창설이 절실히 요청됨"이라는 전투상보를 신현준에게 올렸다고 한다. 해병대의 창설을 제안한 사람이 자신이었다는 주장이다.

그러나 1948년 10월 30일자 『부산신문』은 여수해상에 있는 천안함에 타고 있던 특파원의 27일 기사를 실었는데 여기에는 당일 새벽 작전에서 이상규 소령이 충무공호 외 6척을 지휘하고 있다고 보도하고 있다. 27일은 여수지역이 완전히 수복되는 날이므로 이 기사는 이 소령에 대한 『대한민국해군사』, 『한국전쟁사』, 『6·25전쟁사』, 그리고 『북한대남공작사』의 기록이 사실임을 뒷받침한다.

이러한 기록들을 종합해 볼 때 해병대 창설에 대한 건의는 여·순 사건 진압과정에서 임시정대사령관이었던 이상규 소령이 실전보고서(또는 전투상보)를 통해 보고한 내용 중 해병대의 필요성을 제기한 것이 최초의 건의라

29세의 이상규 소령 모습(왼쪽 사진)과 김구 선생이 1946년 9월 15일 조선해안경비대 진해기지를 방문하고 촬영한 기념사진(오른쪽 사진). 당시 이상규 중위는 오른쪽 사진의 맨 뒷줄 오른쪽에서 두 번째에 있다.

고 할 수 있다. 그리고 여·순 사건 진압작전 후 1948년 10월 29일에 이상규 소령과 교대한 신현준 중령도 이에 대해 공감을 표시했으며, 손원일 해군총 참모장은 해병대 창설 문제에 대한 연구를 신현준 중령에게 지시하여 이 보 고서를 바탕으로 해병대가 창설되었다고 할 수 있다.

2. 초대 해병대사령관보다 군번이 빠른 사람들

    창설 초기 해병대에 근무했던 장교들 중 군번이 가장 빠른 사람은 누굴까? 당연히 신현준 초대 해병대사령관의 군번이 가장 빠를 것이라고 생각할 것이다. 그리고 창설 당시 참모장이었던 김성은 중령이 그 다음 군번일 것이라고 생각할 것이다.

    그러나 그렇지 않다.

    해병대가 창설되었을 때 신현준 초대 해병대사령관보다 참모장이었던 김성은 중령이 군번이 빨랐고, 제1중대장이었던 고길훈 대위도 신현준 사령관보다 군번이 빨랐다. 초대 해병대사령관이었던 신현준 대령의 군번은 80088, 참모장이었던 김성은 중령의 군번은 80063, 창설 당시 제1중대장이었던 고길훈 대위의 군번은 80078이었다.

지금은 해군과 해병대의 군번이 다르고 해병대사령관보다 빠른 군번을 가진 현역군인은 없다. 그러나 창설 초기의 해병대는 해군에서 창설되었기에 해군과 같은 군번을 부여받았고 임관 이전의 다양한 경력 등을 고려하여

신현준 초대사령관 군번을 전후한 사령관과 장군들 (군번순)

손원일	김대식	최용남	김성은
80001	80041	80048	80063
해군 해병대 군번 서열 1	제3대 사령관	장군	제4대 사령관

남상휘	고길훈	강기천	신현준
80068	80078	80082	80088
장 군	장 군	제7대 사령관	초대 사령관

김석범	김두찬	공정식	정광호
80089	80104	80125	80372
제2대 사령관	제5대 사령관	제6대 사령관	제8대 사령관

위관장교부터 영관장교까지의 계급으로 임관되었던 것이다. 따라서 해군의 창설자인 손원일 제독이 80001번이 되었던 것이다. 그리고 해군에 전입하여 임관한 순서대로 군번이 부여되었다.

신현준 초대 해병대사령관의 군번은 80088이었다. 그는 1915년 경북 김천(원래 경북 금릉군이었으나 1995년에 김천시와 통합되었다)에서 출생하였다. 김석범 제2대 해병대사령관의 군번은 80089였다. 신현준 사령관 다음의 군번인 것이다. 김석범 장군은 1915년 평남 강서에서 출생하였다. 1946년 1월에 해안경비대에 입대하여 6·25전쟁 기간 중에는 통제부방어사령관을 거쳐 1951년 10월에 준장의 계급으로 해병대로 전입하였다. 6·25전쟁 기간 중에 해병대로 전입한 이후 전선에서 근무한 기간은 약 7개월에 불과하고 나머지는 후방에서 근무하면서 전투부대에 대한 행정적인 지원을 하였으며, 휴전 후인 1953년 10월 15일에 제2대 해병대사령관으로 취임하여 부대 증편 및 시설물 확충을 위해 노력하였다. 그리고 1957년 9월 4일 제3대 해병대사령관으로 취임한 김대식 장군에게 해병대의 지휘권을 이양하였다.

제3대 해병대사령관 김대식 장군의 군번은 80041이다. 해병대에서 가장 빠른 군번이다. 그는 1918년 강원도 평강에서 출생하였다. 1951년 3월에 해병대사령부 의무참모로 보직된 박양원 중령의 군번이 80036으로 김대식 장군의 군번보다 빠르지만 박양원 중령은 해병대사령부 의무참모 보직 이후 해군본부로 복귀하였으므로 해병대로 전입한 인원 중에는 김대식 장군이 가장 빠른 군번을 가지고 있다. 김대식 장군은 1946년에 해안경비대에 입대하여 해군본부 인사국장을 거쳐 1950년 9월에 해병대로 전입하였다. 6·25전쟁 때에는 인천상륙작전에 이은 수도탈환작전 당시 수색에서 독립 제5대대를 편성할 때 대대장으로 임명되어 수도탈환작전과 북한강지역 차단작전에 참가하였다. 이어 북진작전 때에는 고성·간성지구전투와 흥남철수작전 중 함흥방어전을 수행하고 연포비행장에서 부산 수영비행장으로 철수하였다. 휴전 후 교육단장, 참모장 겸 부사령관을 거쳐 1957년 9월 4일 제3대 해병대사령관에 취임하였다. 그는 1차 임기를 마치고 다시 2년을 중임하던 중 4·19혁명과 이승만 대통령의 하야로 인해 도의적인 책임을 지고 중도 사퇴하고 1960년 6월 25일에 김성은 장군에게 해병대의 지휘권을 이양하였다.

제4대 해병대사령관 김성은 장군의 군번은 80063이다. 그는 1924년 경남 마산에서 출생하였다. 그는 태릉에서 편성 중이던 국방경비대 제2중대 소대장으로 임명되었다가 해방병단을 창단하고 있던 손원일 단장의 권유로 경남 진해에서 해방병단에 입대하여 소위로 임관하였다. 그리고 해병대 창설 이전 해군의 준·하사관 교육대에서 함께 근무했던 신현준 초대 해병대사령관의 요청으로 해병대 창설 당시 해병대 참모장으로 임명되었다. 창설 당시 해병대 서열 2위였던 참모장이었기 때문에 신현준 초대 해병대사령관 다음으로 제2대 해병대사령관이 되어야 하는 것이 아니냐는 의문이 있을 수 있다. 그러나 그보다 높은 계급으로 김석범 장군과 김대식 장군이 해군에서 해병대로 전입하게 되어 그는 창설 당시 해병대사령관 다음의 서열인 참모장임에도 불구하고 제4대 해병대사령관이 되었던 것이다. 그러나 그 역시 초대 해병대사령관이었던 신현준 장군보다 군번이 빠르다.

제5대 해병대사령관인 김두찬 장군의 군번은 80104이다. 그는 1919년 평양에서 출생하였다. 김두찬 장군은 해방 후 군사영어학교 시절에 통위부 참위(소위)로 임관하였으나 보직 받은 경리직이 마음에 들지 않아 그 직책을 반납하고 육사 1기로 입교하여 소정의 과정을 이수하는 도중 해군으로 전입하였다. 6·25전쟁 발발 시 소령으로 묵호기지사령관으로 재임하던 중 철수하는 과정에서 해병대로 전입하였다. 해병대로 전입한 이후에는 해병대사령부 정보참모, 제1연대 부연대장을 거쳐 휴전 이전에는 도서부대장을 역임했다. 그리고 1962년 7월 1일에 제5대 해병대사령관으로 취임하였다.

제6대 해병대사령관 공정식 장군의 군번은 80125이다. 그는 1925년 경남 밀양에서 출생하였다. 해군사관학교 제1기로 졸업했으며 소해정 302호 정장(대위)으로 근무하였다. 그가 해병대에 전입했던 시기는 1·4후퇴 직전인 1950년 12월에 제1연대(초대 연대장 김성은 대령)가 편성될 때였고, 초대 대대장으로 임명되었던 그는 그로부터 영덕지구전투와 영월지구 및 화천지구전투를 거쳐 도솔산지구 탈환작전에 참가하였다. 이후 제3전투단장, 제1여단장, 제1해병사단장, 부사령관을 거쳐 1964년 7월 1일에 해병대사령관에 취임하였다.

제7대 해병대사령관에 취임한 강기천 장군의 군번은 80082다. 그는 1926년 전남 영암에서 출생하였다. 그 역시 신현준 초대 해병대사령관보다도 빠른 군번을 가지고 있었다. 그는 해군의 전신인 해방병단 간부요원으로 입대하여 1946년 10월 소위로 임관하였다. 임관 이후 소해정인 JMS 302호부장과 310호 정장을 거쳐 해군신병교육대장으로 근무하였다. 6·25전쟁 중이던 1950년 7월 중순경부터 8월 20일에 해군육전대가 해체될 때까지 해군육전대를 지휘하였다. 이후 1952년 2월 해병대로 전입했던 그는 휴전이 될 때까지 해병 제1전투단 작전참모, 제5대대장, 사령부 인사국장을 역임했다. 강기천 장군은 해병대 최초로 대장으로 진급했다.

제8대 해병대사령관인 정광호 장군의 군번은 80372다. 그는 1922년 경기도 화성에서 출생하였다. 전임자인 강기천 장군과는 상당히 많이 차이가 난다. 그는 해병대 창설시 헌병대장으로 임명되었으나 그 후 해군으로 복귀하여 묵호경비부 참모장 겸 헌병대장으로 근무하였다. 6·25전쟁 중 제주도에서 해병대의 제2대대를 편성할 무렵에 해병대로 복귀하여 제2대대 제7중대장으로 임명되어 경인지구작전을 비롯해서 목포 영암지구 및 원산 함흥지구전투에 참가하였다. 이후 1962년 준장으로 진급하였으며 1966년 3월에 제1사단장으로 임명되었다. 그리고 1969년 7월 1일에 대장으로 진급과 동시에 제8대 사령관으로 취임했다.

이처럼 역대 해병대사령관들은 군번 순서로 되지는 않았다. 군번 순서로는 김대식 장군, 김성은 장군, 강기천 장군, 신현준 장군, 김석범 장군, 김두찬 장군, 공정식 장군, 정광호 장군의 순이었다.

이외에도 백두산함의 함장(중령)이었던 최용남 장군의 군번이 80048이었다. 그는 1950년 6·25전쟁 발발 당일 야간에 있었던 대한해협 해전 당시 백두산함(PC-701) 함장이었다. 이후 1952년 육군보병학교에서 교육을 받고 해병대로 전과하였다. 그의 군번은 신현준 초대 해병대사령관보다도 빠르고 제4대 해병대사령관이었던 김성은 장군보다도 빠르다. 그는 해병대로 전과 후 해병학교 교장, 해병대사령부 작전과장, 참모부장, 군수부장을 역임하고 해병대 제1사단 참모장, 부사단장을 지냈다. 1955년 11월 해병 준장으로 진급한 이래 1959년에 해병 제1여단장, 1960년에 진해기지 사령관, 1962년 7월에 해병대 부사령관 등을 역임하고 1963년 1월 해병 소장으로 진급하였다. 진급 이후 1964년 1월 해병 제1상륙사단 사단장으로 근무하다 1965년 5월 예편하였다.

  1951년 1월 중령의 계급으로 해병대에 전입한 남상휘 장군의 군번은 80068이었다. 역시 초대 해병대사령관보다 군번이 빠르다. 그는 해병대 전입 이전에 미 군정 하에서 해안경비대 장교를 시작으로 한국해군 남해해역 정대사령관에 이어 제주 해군경비부사령관, 해군 제1정대사령관 등을 역임하였다. 6·25전쟁 당시에는 원산 전진기지사령관, 포항과 묵호 해군기지사령관을 역임하기도 했다. 해병대로 전입한 이후 제1대대장, 전투단 부단장을 거쳐 신병훈련소장, 김포임시여단장, 진해기지사령관 등을 역임하였다. 1961년 7월 해병 준장으로 전역했다.

  해병대 창설 당시 제1중대장이었던 고길훈 장군도 신현준 초대 해병대사령관보다 군번이 빨랐다. 그의 군번은 80078이었다. 그는 1923년 함남 영흥에서 출생하였다. 창군기에 설립된 군사영어학교를 거쳐 1946년 남조선경비대(육군의 전신) 간부로 입대했다가 해안경비대(해군의 전신)로 전입하였다. 제2대 인천기지사령관을 역임한 신현준 대령이 초대 해병대사령관으로 임명되자 다시 해병대로 전입하여 대위의 계급으로 창설기에 편성된 제 1중대장을 역임하였다. 해병대가 제주도로 이동한 이후에는 사령부 정보참 모로 근무하다가 6·25전쟁이 발발하자 '고길훈 부대'로 편성된 최초의 전투 부대를 지휘하여 군산으로 출동하였다. 부사령관으로 재임 후 소장의 계급 으로 예편하였다.

이들을 군번 순으로 정리하면 김대식 장군(80041, 제3대 해병대사령관) 이 해병대에서는 군번이 가장 빠르고, 이어서 최용남 장군(80048, 예비역 소장), 김성은 장군(80063, 제4대 해병대사령관), 남상휘 장군(80068, 예 비역 준장), 고길훈 장군(80078, 예비역 소장), 강기천 장군(80082, 제7대 해병대사령관) 등이 초대 해병대사령관이었던 신현준 장군(80088)보다 군 번이 빨랐던 것이다.

3. 제주도의 해병 제3·제4기

1949년 4월 15일 경남 창원시 진해에서 창설식을 거행한 해병대는 그해 12월 28일 제주도로 이동하였다. 당시 제주도에는 육군 독립 제1대대가 주 둔하고 있었는데 병력교대나 물자수송, 환자 이송 등을 해군함정에 의존해야 하는 번거로움이 있었기 때문에 해병대로 교체된 것이다. 장교 66명과 사병 1,100명을 포함하여 1,166여명의 병력으로 편성된 해병대는 사령부를 제주읍에 두고 주력인 전투부대는 모슬포에 2개 대대로 편성해 주둔시켰다. 제1대대(대대장 김병호 대위)는 제1·제2중대로 편성하여 북제주군지역을 담당하고, 제2대대(대대장 고길훈 소령)는 제5·제6·제7중대로 편성하여 남제주군지역을 담당하였으며, 성산포·서귀포·한림에는 정보대와 헌병대를 배치하였다. 6·25전쟁이 발발하면서 제주도에 있던 해병대는 제주도 내 각 기관을 관장하면서 폭동 예방과 제주시와 주요지역의 경비 및 해안선 경비를 강화하였다. 7월 8일에 비상계엄이 선포됨에 따라 해병대는 치안을 확보하고 해안 감시 및 해상경비를 더욱 강화하여 적이 제주도에 상륙하지 못하도록 해상에 출현하는 적에 대해 발견하는 즉시 포착, 섬멸하는 임무를 맡았다.

한편, 8월 초부터 9월 중순까지 낙동강 방어선에서는 이를 돌파하려는 북한군과 저지하려는 국군 및 유엔군 간에 치열한 전투가 지속되고 있었다. 해병대 모슬포부대 제1대대는 1950년 7월 13일 해병대가 참전한 최초의 전투인 장항·군산·이리지구전투에 투입되어 북한군 남침을 성공적으로 저지시켰다. 그리고 해병대 '김성은 부대'는 8월 17일 7척의 해군함정 지원 아래 통영의 장평리 해안에서 단독 상륙작전을 감행하여 통영을 탈환하고 원문고개에서 북한군의 공격을 차단하였다. 이후 유엔군사령부는 전세를 결정적으로 역전시킬 수 있는 반격작전을 준비하고 있었다. 그리고 9월 15일, 유엔군사령부는 인천상륙작전과 함께 반격작전을 실시하였다.

해병 제4기 입교식(제주북초등학교 운동장)

이를 위해 해병대는 인천상륙작전에 참가하기 위한 교육훈련을 강화하면서 제주도의 청·장년을 대대적으로 모집하였다. 8월 2일에 제주농업중학교 학생을 주축으로 중·고교생으로 조직된 학도돌격대가 결성되어 전원 해병대에 자원입대하였으며, 이에 자극을 받은 당시 제주도내 중학교 3학년 이상의 어린 학생으로부터 6학년(당시는 중학교 6년제)까지의 학생과 교사, 청년들이 해병대에 자원입대하였다.

1950년 8월 5일에 해병 제3기로 자원입대한 1,661명은 제주농업중학교와 모슬포부대에서 강도 높은 신병훈련을 받았으며, 이들의 뒤를 이어 8월 30일에 1,277명이 해병 제4기로 자원입대하면서 해병 제3·제4기는 도합 2,938명이 되었다. 이때 해병 제4기에는 여자 126명도 포함되어 있었다.

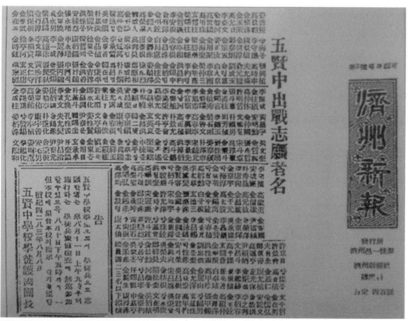

제주신문에 보도된 제주 오현중학교 학생들의 6·25전쟁 참전 지원자 명단

이들 해병 제3·제4기 중 해병 제3기는 청년과 교사, 학생이 주를 이뤘고, 해병 제4기는 학도호국단 출신이 많았으며 제주농림중학교, 오현중학교, 서귀중학교, 한림중학교 등 중학교 2학년에서 6학년까지 학생들이 대거 자원입대하였다. 약 3천 명에 달하는 해병 제3·제4기 신병들 중에는 포항지구에서 입대한 약 50명의 서울 경기지구의 교도소 직원들도 포함되었다. 해병 제3·제4기 신병들은 해병 제1·제2기와 달리 해군을 거치지 않고 직접 해병대에 입대한 최초의 신병들이었다.

제주도의 젊은 학생들과 청년들이 해병대에 대거 지원한 데는 제주4·3 사건을 겪으면서 제주도에 빨갱이만 있는 것이 아니라는 것을 보여주기 위한 의무감으로 지원한 경우가 많았다. 하지만 대부분은 나라를 구해야 한다는 순수한 애국충정이 구국으로 이어졌던 것이다. 이들은 해병대에 지원하자마자 곧 출신학교별로 집합하여 신체검사와 간단한 구두시험을 받고 합격자는 집에 갈 시간도 없이 바로 소집되었다. 남자들은 제주 산지에 있는 주정공장에 집결하였으며 여자들은 제주 동국민학교에 집결하였다. 이후 산북지역 지원자는 지금의 제주시에 위치한 칼호텔 맞은편 구 제주농고가 위치해 있던 미 군정청 연병장에서 교육훈련을 받았으며, 산남지역 지원자는 모슬포에 위치한 강병대에서 단기간의 교육훈련을 받았다. 학생들은 당시 학도호국단에서 군사훈련을 실시하고 있을 때였기 때문에 군사교육을 받은 경험을 토대로 단기간의 훈련을 받고 해병대의 일원이 되어 6·25전쟁에 참전할 수 있었다.

훈련을 마친 후 이들 해병 제3·제4기생 3,000여 명은 1950년 9월 1일 제주항 산지 부두에서 해군 수송선에 승선하여 부산으로 이동하였다. 해병대는 이들이 제주 산지항을 떠났던 9월 1일을 2001년부터 '제주 해병의 날'로 지정하고 매년 기념행사를 개최하여 조국의 소중함을 널리 알리고 있다.

9월 6일 부산에 도착한 해병대는 미 해병 제5연대와 상륙작전에 필요한 단기간에 걸친 특수훈련을 받고 9월 11일과 12일 양일간에 걸쳐 미국의 대형수송선인 피카웨이함에 승선하여 인천으로 향하였다.

인천상륙작전에 이은 경인지구작전과 수도서울탈환작전을 성공리에 마치고 수도 서울의 경비를 육군 제17연대와 미군에게 인계한 해병대는 인천에 다시 집결하여 제2대대는 목포지구에서의 새로운 작전 임무수행을, 그리고 제1대대는 묵호방면에, 제3대대는 원산에 상륙하기 위하여 10월 7일 인천항을 출항하였다. 이후 해병대 제2대대는 10월 19일 목포에 도착하여 목포일대에 준동하는 공비소탕작전을 수행하다 11월 30일 원산지역에 상륙하여 북진작전을 전개하였고 해병 제3대대에 이어 제5대대, 제1대대 순으로 10월 27일 묵호, 원산 및 고성에 상륙하여 북진작전에 참여하였다. 그러나 중공군 개입 후 해병대 제1대대와 제3대대는 마전리, 간성지구에서 적의 포위망을 뚫고 눈보라 속에 철수한 뒤 원산 방어에 임하다가 제3대대는 12월 7일 부산으로 철수하고, 제2대대와 5대대는 함흥에서 중공군의 남하를 저지하다가 12월 15일 연포비행장에서 철수하여 진해에 집결하였다.

1·4후퇴 이후 전열을 정비하고 반격작전을 하게 되면서 해병대 독립 제5대대는 1951년 1월 24일 안동에 도착하여 안동–대구간의 도로 확보와 적 수색 소탕작전을 전개하였으며, 해병대 제1대대는 1월 26일 진해에서 출항

하여 영덕 하저동에 상륙한 뒤 적 패잔병 약 300명을 소탕하였다. 그리고 해병대 제1연대는 2월 15일 묵호에 상륙한 뒤 육군 제3군단 수도사단에 배속되어 2월 19일 영월지구전투를 수행하였으며, 3월 19일에는 홍천지구에서 미 해병 제1사단에 배속되어 가리산전투에 참여하였다.

이후 4월 16일에 해병대 제1연대 제2대대는 화천지구전투에, 6월 4일에 해병대 제1연대가 도솔산전투에, 8월 21일에 미 해병 제1사단과 함께 펀치볼 전투에 참여하였다. 그리고 1952년 3월 17일에 중동부에서 서부전선 장단지구로 투입되어 1953년 7월 휴전이 될 때까지 장단지구전투에 참여하였다. 6·25전쟁 기간 중 해병 제3·제4기 전사자는 모두 346명으로 도솔산전투(64명), 경인지구전투(63명), 장단지구전투(53명) 등에서 희생이 컸다.

당시 제주신보에 게재된「학도돌격대 출전에 기함」제하의 사설에는 다음과 같은 사설을 실었다. 출정 학생들과 제주도민의 심정을 충분히 헤아릴 수 있는 사설이다.

"한국학생(韓國學生)들의 독립운동(獨立運動)을 위한 특기(特記)할 행동은 일찍이 본도에서는 없었고 불명예(不名譽)스러운 4·3 사건으로 도리어 민족 가운데서도 제주학생(濟州學生)들은 암영(暗影)을 지고 있었고 역사적으로 탐라(耽羅)의 품속에서 조국(祖國)과의 거리가 멀어진 때도 수다(數多)하였다. 이러한 경우에서 학도돌격대(學徒突擊隊)의 출전(出戰)은 실로 우리 제주도(濟州道)의 면목(面目)을 혁신(革新)시키고 조국에 대한 제주도민(濟州道民)의 충성(忠誠)을 대변(代辯)하고 여러 가지 불명예(不名譽)스러운 사건을 일소하고 나아가서는 전도민의 절규(絕叫)와 숙원(宿願)을 간직하고 나서는 커다란 각성(覺醒)인 것이다. 학도돌격대 제군들에게 기대하고 부탁하는 바 군(君)들은 우리 제주(濟州)의 중추(中樞)일 뿐만 아니라 우리 국가의 중심이요 장래는 군(君)들의 손에 달려 있는 것이다. 아직도 젊은 군(君)들의 자태는 우리 도민의 초조한 마음의 최대 결심의 표상(表象)으로 군(君)들은 곧 도민의 지성(知性)의 대표(代表)요 도민의 모든 권리와 희망을 결정 짓는 자물쇠인 것이다. 군(君)들이 임전(臨戰)케 되는 내일 나어린 그 모습에 오직 기념(祈念)만을 보낼 것이다. 그리고 도민의 치욕(恥辱)을 씻고 도민의 의의(意義)와 전통(傳統)을 발양하고 국가의 승리를 위한 거룩한 돌격대가 되라."

4. 제주도 '해병혼' 탑을 세운 사람들

제주특별자치도 제주시 일도1동 동문로터리 중심부에는 비록 크기는 다소 작지만 마치 이집트의 오벨리스크를 연상시키는 하얀 탑이 서있다. 바로 '해병혼' 탑이다. 6·25전쟁에 참전했다 전사한 제주특별자치도 출신의 해병대 전몰장병을 추모하고자 세운 탑이다.

해병대는 1949년 4월 15일에 경남 창원시 진해의 덕산비행장에서 창설식을 거행하였다. 이후 일부 부대를 진주로 파견하고 12월 28일에 제주도로 이동하였다. 해병대는 바로 이곳에서 해병대정신을 고양하며 훈련하였으며, 6·25전쟁이 발발하자 제주도에서 해병 제3·제4기 3천여 명을 모집하여 전쟁에 참전하였다. '해병혼' 탑은 그 젊은이들이 떠나가던 북쪽의 항구를 바라보고 있다. 그들이 떠나던 날이 9월 1일이고 그날은 '제주도 해병의 날'로 지정된 날이다.

이 탑은 해병대 창설 11주년이었던 1960년 4월 15일에 건립되었다.

이 탑의 건립을 제안했던 해군 군의관 출신의 장시영(張時英) 씨와 고철수(高喆洙), 문상률(文翔律, 해병 1기), 김형근(金炯根) 씨 등 해병대 출신들의 공동 발기와 제주 해병 막사장 이서근 대령의 공동 노력에 의해 건립이 되었던 것이다. 이 탑의 형상은 당시의 제주 막사장 이서근 씨가 도안했다. 이 탑의 건립에 소요된 예산 중 50만환은 해병대사령부(사령관 김대식 중장)에서 지원하였으며, 100만환을 모금하여 150만환에 대영토건주식회사 박승옥 씨와 계약하였다. 이 탑의 크기는 경연면적 393㎡, 기단 높이 1.83m, 탑 높이 8.17m이다.

이 탑의 형태는 삼각형으로 되어 있다. 대로가 세 갈래로 뻗어 있기도 하거니와 이는 제주도의 삼다 삼무를 상징하는 것이다. 정면을 북쪽으로 향하게 한 것은 북쪽으로 돌진한다는 의미를 담고 있기도 하다.

건립 장소를 동문로터리로 정한 것은 사라봉 쪽에서 오는 동쪽과 관덕정 쪽에 뻗은 서쪽 도로와 1950년 9월 1일 인천상륙작전에 대비하여 출정했던 제주 산지부두 쪽으로 세 갈래의 지점인 삼각지이기 때문이었다.

이 탑의 앞면에는 다음과 같은 탑문이 새겨져 있다.

여기
탐라(耽羅)의 푸른 넋의 엉겨
탑(塔)이 되다
갈리운 땅덩이 위에

통일(統一)의 햇불을 높이든

해병혼(海兵魂)은 솟았나니

평화(平和)를 염원(念願)하는

상(像) 앞에

겨레여

옷깃을 여미이시라

탑의 우측면에는 다음과 같은 탑의 건립 취지가 기록되어 있다.

취지(趣旨)

단군(檀君)의 역대(歷代)를 두고 유례(類例)없는 백의민족(白衣民族)의 수난(受難) 6·25동란(動亂)을 상기(想起)한다. 국운명멸(國運明滅)의 기로(岐路)에 선 민족(民族)의 살상(殺傷)은 금수강산(錦繡江山)을 혈루(血淚)로 물드렸고 육골(肉骨)은 산야(山野)에 허덕일 때 좌시(坐視)보다 죽음으로 구국(救國)의 대도(大道)를 지향(指向)하여 민족(民族)의 지침(指針)이 되겠다고 십대(十代)의 젊은 이 고장 학도(學徒)들이 바로 충무공(忠武公)의 넋을 이은 대한해병(大韓海兵)이었다.

세기(世紀)의 전사(戰史)에 찬란(燦爛)한 인천상륙작전(仁川上陸作戰)은 세인공지(世人共知)의 사실(事實)이며 대한민국(大韓民國)의 운명(運命)을 반석(盤石) 위에 안치(安置)케 하였다. 생존(生存)한 우리 해병제대(海兵除隊將兵)은 이 고장 건아(健兒) 앞에 호국정신(護國精神)의 승계(繼承)의 표식(表式)을 계시(啓示)하는 뜻과 대한(大韓)의 영구(永久)한 번영(繁榮)을 기(期)하는 붕지(鵬志)에서 여기에 지난날의 전력(前歷)을 더듬으며 그 역력(歷歷)한 전공(戰功)을 추념(追念)하고 영구불멸(永久不滅)의 상징(象徵)의 탑을 이 고장 한라록(漢拏麓)에 세우노라.

탑 건립(建立)에 제(提)하여 해병대령 이서근(海兵大領 李西根), 예비역 고철수(豫備役 高喆洙), 문상진(文相律), 김형근(金炯根) 동지(同志)들의 희생적(犧牲的) 노고(勞苦)에 감사(感謝)를 표(表)하면서

단기(檀紀) 4293년(年) 4월(月) 일(日)(서기 1960. 4)

건립대표(建立代表) 장시영(張時英)

탑의 전면에는 "글: 張宰城 글씨(海兵魂): 金光秋"라고 쓰여 있다.

이 탑에 새겨져 있는 비문은 문상률(해병 1기) 씨와 장재성(해병 22기) 씨가 썼으며, 시공은 당시 대영토건의 토목기사였던 문창해(해병 4기) 씨가 김광추 씨의 글씨를 확대하여 썼다. 해병혼 글체는 이승만 대통령 글씨를 받았으나 당시 3·15부정선거와 4·19혁명으로 하야함으로써 서예가 김광추 씨의 서체로 변경한 것이다. 그런데 이 탑에 새겨져 있는 해병혼(海兵魂)이라는 세 글자 중에서 혼(魂)이라는 글자가 어딘지 모르게 이상하다. 글자를 새기면서 잘못 새겼나?

그렇지 않다.

이 글을 쓴 제주도 출신의 서예가인 김광추(金光秋) 씨가 해병혼(海兵魂)이란 글자 중 혼(魂) 자를 쓸 때 귀(鬼) 자의 윗부분에 달려 있는 꼭짓점(')을 떼버린 까닭은, 그 꼭지를 붙여 놓으면 죽은 혼이 된다면서 그렇게 한 것이라고 한다.

글자 하나에도 많은 사연이 있는 탑이다.

제주시 동문로터리에 설치된 해병혼 탑. 이 탑에 씌어진 '해병혼' 글의 혼(魂)이라는 글자에 귀(鬼)자에 해당하는 윗부분에 꼭짓점(')이 없다.

5. 덕산대 표지석을 세운 사람들

해병대는 1949년 4월 15일에 경남 창원시 진해 덕산비행장에서 창설하였다. 이후 제주도로 이동하였다가 1950년 6·25전쟁이 발발하자 군산지구전투를 시작으로 전쟁에 투입되었다. 전쟁 기간 중 해병대사령부는 부산으로 이동하였다가 이후 인천을 거쳐 서울, 강원도 고성, 원산, 경남 진해로 이동하였다. 1951년 5월 20일에는 경남 진해에서 부산에 위치한 용두산으로 이동하였다. 전쟁이 끝나고 해병대사령부는 부산에서 서울시 용산구 후암동으로 이동하였다. 이후 1973년 10월 해병대가 해체될 때까지 해병대사령부는 이곳에 위치하고 있었다.

이후 대통령 분부사항(1973. 5. 29.) 및 해병대 운영 개선에 관한 국방부 훈령 제157호(1973. 7. 10.)에 따라, 해병대의 효율적 운영을 위해 전투부대를 제외한 해병대사령부와 교육 및 지원부대를 해군에 통·폐합시켰다. 해군본부 내 해병참모부를 편성·운영하여 해군참모총장을 보좌하고 제2참모차장의 지시에 따라 해병대 부대의 상륙작전, 도서방어작전, 교육훈련과 교리 발전에 관한 사항을 분장하였으며, 해병대사령부 재창설 시까지 해병부대를 실질적으로 지휘 관리하였다.

그러나 전력관리의 문제점이 나타나 상륙작전에 관한 지휘구조를 개선할 필요성이 대두됨에 따라 해병대사령부를 1987년 11월 1일 재창설하였다. 해병대사령부는 재창설된 직후 해군본부 부속건물인 기지병원을 개축하여 사용하던 중 재경부대 교외 이전계획(1988. 4. 15.)에 따라, 경기도 서해안으로 해병대사령부 이전을 결정하고 52개 지역을 대상으로 33회에 걸친 검토 끝에 1994년 4월 6일에 현 위치인 경기도 화성시 봉담읍 형제산 기슭에 사령부를 신축한 후 이전하였다.

서울특별시 영등포구 신길동의 해군 아파트인 바다마을에 설치된 해병대사령부 표지석. 해병대사령부는 재창설된 1987년 11월 1일부터 1994년 4월 5일까지 이곳에서 주둔하였다. 해병대사령부가 재창설되기 이전에는 해군병원이 여기에 위치하고 있었다.

이곳에서 제2의 덕산시대(창설기)를 개막하기 위해 해병대사령부는 신청사로 진입하는 새로운 이정표가 될 '德山臺'(덕산대)라고 새긴 큰 바위를 받침돌 위에 안치해 놓을 계획을 세우고 신청사 주변에 대한 녹화계획을 수립하였다.

당시 강원도 영월군 해병대전우회(당시 전우회장 조준길 씨)에서는 해병대의 전적지인 강월도 영월군 녹전리의 주천강 강바닥에서 커다란 바위를 발견하고 채굴작업을 위한 포클레인과 기중기의 임대를 알선해주는 등 적극적인 협조를 하였다. 그리고 수원시 해병대전우회(당시 전우회장 양복윤 씨)에서는 경기도의 각 시·군 전우회에서 모금한 성금으로 이 바위를 강원도 영월의 주천강에서 수원으로 운반하는데 도움을 주었다.

주천강 바닥에서 발견한 이 바위는 무게가 8.9톤이나 되는 커다란 바위였다. 당시 해병대사령부에서 이 업무를 주관하고 있던 인사근무과장 이경수 중령(예비역 대령, 해2사 1기)은 주천강 현장에서 이 바위를 직접 확인하고, 인사근무장교 정차성 소령(예비역 대령, 해사 41기)과 수원시 해병대전우회의 차재진 기획실장이 영월군 해병대전우회의 도움을 받아 포클레인 2대로 채굴작업을 하였다. 그리고 충북 제천에서 임대한 70톤 크레인으로 이 바위를 들어 올려 4개의 조경용 바위와 함께 2대의 대형 트레일러에 나누어 싣고 이틀 동안 야간을 이용해 수원까지 운반하였다. 그 바위에 새긴 '德山臺'(덕산대)란 글씨는 서예가인 소암 김형원 씨가 글을 쓰고, 기흥석재에서 근무하고 있던 이호성 씨(예비역 해병)가 바위에 글씨를 새겼다.

한편 강원도 속초시 해병대전우회(회장 조준길 씨)와 양양군 해병대전우회에서는 양양지역의 고속도로 확장공사로 인해 제거될 예정이었던 수령 120년가량 되는 두 그루의 노송을 해병대의 신청사 마당에 옮겨 심게 하기 위해 채굴 및 운송 경비 일체를 부담하였다. 그 두 그루의 노송 중 한 그루는 높이가 9m에 둘레가 160cm였고, 한 그루는 높이 11m에 둘레가 180cm였으며, 뿌리 주변의 흙과 뿌리 밑 부분의 흙을 합해 총 중량이 25톤이나 되었다. 이 두 그루의 거송을 속초시 해병대전우회에서 대절한 로보이 트레일러에 누인 다음 터널의 높이와 폭을 고려해서 차체를 포함한 가지의 높이가 4.5m를 초과하지 않도록 윗부분과 옆을 적절히 잘라서 운반하였다. 해병대사령부에서는 이 두 그루의 노송을 신청사 마당(現 본청 광장)에 옮겨 심은 후 그 노송들이 말라 죽지 않도록 서울에 있는 식물원과 산림청의 도움을 받아 영양주사를 놓는 등 많은 노력을 하였다.

해병대사령부 정문 입구에 설치된 덕산대 표지석과 해병대사령부 본청 광장의 소나무

6. 해병대 최초의 명예해병들

　2017년 9월에 제정되고 2020년 9월에 개정된 국방부 훈령 제2455호 "명예군인 및 명예부대원 위촉에 관한 훈령"에 의하면, 명예군인은 국방부장관, 각 군 참모총장 및 해병대사령관이 위촉할 수 있으며, 명예군인은 국가 및 군 발전에 기여한 자이거나 대군 신뢰도 향상이나 지지기반 확충에 기여할 것으로 판단되는 사람을 위촉할 수 있도록 하고 있다.

　그러나 해병대는 1963년부터 해병대 발전에 공로가 다대한 대한민국 또는 대한민국에 체류하는 우방국가의 국민에게 명예해병증을 수여하여 해병대의 발전과 국민유대를 강화하여 국방의 의무를 다하기 위한 일환으로 타군에 없는 명예해병제도를 실시하였다.

　이에 따라 1963년 9월 28일 해병대사령부 광장에서 제5대 해병대사령관 김두찬 중장에 의해 명예해병증 수여식을 거행하였다. 김두찬 사령관은

9·28 수복 제13주년인 1963년 9월 28일에 6·25전쟁이 맺어 준 각별한 인연으로 해병대의 육성과 발전을 위해 성심성의를 다해 이바지한 은혜로운 인사들에게 명예해병증과 기념패 등을 수여하였다. 이것은 그들로 하여금 영예로운 해병가족의 일원이 되게 하려는 데 그 뜻이 있었다.

이 날 최초로 명예해병이 된 사람은 당시 동아일보 사장이던 일석(一石) 이희승(李熙昇) 박사와 고려대학교의 김성식(金成植) 교수 등 두 분의 석학을 비롯해서 해병대 유필수 대령의 자당이며 다년간 해병대에서 종군하였던 수필가 이명온 여사와 문산농고(현 문산제일고등학교)의 이경재 교장, 종군작가 김중희 씨 및 상남 미 공보원장 Reedep Lorng, 그리고 미 선교사인 Hostler Lua 등이었다.

이희승 박사와 김성식 교수는 6·25전쟁 중 피난지인 부산에서 만나게 된

이희승 박사가 쓴『해병전투사-제1부』와 그의 명예해병증

고려대학교 총장 유진오 박사의 소개로 해병대사령부에서 편수업무를 담당하였다. 국문학자인 이희승 교수와 사학자인 김성식 교수가 편찬한 책이 1953년 3월에 해병대사령부에서 발간된『해병전투사』제1부이다.

수필가 이명온 여사는 장편소설 『애욕의 소상』, 『흘러간 여인상』 등의 저자이다. 그녀는 6·25전쟁 중 피난지인 부산에서 당시 해병대사령부 정훈감 정필선 소령의 요청으로 일선에서 소대장 근무를 하고 있던 장남 유철수 소위를 수신인으로 한 "아들에게 보내는 편지"를 썼었다. 그런데 이 편지가 어느 여배우의 목소리로 KBS에서 방송된 것이 인연이 되어 전쟁이 한창이던 1951년부터 휴전 전후에 이르기까지 동·서해에 산재한 도서지역과 중동부와 서부 등 해병들의 작전지역을 두루 찾아다니며 해병들을 격려하고 따뜻한 모성애를 베풀어 줌으로써 "해병들의 어머니"라고 존경을 받았다.

문산공립농업학교(경기도 파주시 평화로 190, 현 문산제일고등학교)의 이경재 교장(제5대 교장, 1948년 6월 29일 취임)은 휴전 후 해병대와 각별한 유대관계를 맺게 되었던 인물이다. 문산공립농업학교는 1942년에 개교하였으나 6·25전쟁 중이던 1951년에 경기도 파주군 금촌읍 아동리로 피난하여 다시 개교하였다. 당시 이곳은 해병 제1전투단이 주둔하면서 장단·사천강지구전투 중이었다. 전쟁 이후 이경재 교장은 학생들로 하여금 해병묘지(전쟁 기간 중의 임시묘지)를 돌보게 하였으며 현충일에는 전교생이 위령제에 참석하는 등 정성어린 봉사 활동을 하였다. 해병 제1전투단이 해병대 제1사단으로 승격된 후부터는 매년 졸업생들 중에서 1개 소대 규모의 지원병을 해병대에 입대시켜 그들로 하여금 그들의 고장(임진강변)을 지키게 하는 등 해병대와의 유대를 강화하는 데 이바지한 공이 컸다.

종군작가였던 김중희는 『전몰장병의 수기』, 『순백의 비상선』 등의 편저자이며 어느 누구 보다도 해병을 소재로 한 작품을 가장 많이 쓴 작가였다.

그리고 2명의 외국인 중 당시 상남에 위치한 미 공보원 원장으로 있던 Reedep Lorng은 영화 제작기능을 갖추고 있던 공보원이 상남(경남 창원시 진해구)에 위치하고 있을 때 당시 해병교육단장이었던 김두찬 장군의 구상에 따라 제작에 착수하게 된 "해병의 하루"란 이름의 문화영화 제작에 적극 협조해 준 일을 비롯해서 자신이 무척 좋아했던 해병대의 감투상을 선전하는 일에 있어 남다른 정성과 지원을 아낌없이 베풀어 준 유공자였다.

그리고 미 선교사인 Hostler Lua는 6·25전쟁 때 전사한 미 해병의 어머니로서 우리나라의 전쟁고아들을 위해서도 자선의 손길을 준 일이 있었으며, 미 해병대에 유학한 해병대 장병들에게도 많은 도움을 주었던 분이었다.

한편 당시 명예해병증을 수여하는 기준은 다음과 같았다.

1. 전투 시 해병대 일선 종군기자 및 언론인으로서 생명의 위험을 무릅쓰고 전공 보도에 공로가 현저한 자

2. 문화 또는 예술면에서 해병대 명예를 대내외에 널리 선양하는 데 공적이 현저하거나 장병의 사기 앙양에 공헌이 다대한 자

3. 해병대 체력 향상을 위하여 기여한바 공로가 현저한 자

4. 시설, 물자, 기금 등을 제공하여 해병대에 지대한 공헌을 한 자 또는 정신적으로나 물질적으로 해병대 장병의 복지를 위하여 공헌한 자. 단, 해병대 출입업자는 제외함.

5. 해병대에 유의한 제도 장비의 개량 또는 발명으로 전투력 강화에 기여한 자

6. 해병대 지원병 획득을 위하여 모병 업무에 공로가 현저한 자

7. 기타 사령관이 인정한 자

단, 상기사항에 해당자일지라도 병역미필자는 만 40세가 초과하여야만 하며 그 외는 연령 및 성별 등에 제한을 두지 않는다.

명예해병으로 추대된 이들은 해병대사령부에서 주요 행사를 거행할 때마다 초청이 되어 기쁨을 함께 나누어 왔으나 1973년 10월 10일 해병대사령부가 해체됨으로서 단절되었다. 그러나 1987년 11월 1일 해병대사령부가 재창설되면서 명예해병제도가 부활되어 해병대의 발전에 기여한 공로자나 해병대의 신뢰도 향상 및 지지기반 확충에 기여할 것으로 판단되는 사람에게 명예해병증을 부여하고 있다.

귀신도 모를 해병대 이야기

2023년 3월 7일 초판인쇄
2023년 3월 10일 초판발행

저　　자 : 박종상
펴낸이 : 신동설
펴낸곳 : 도서출판 청미디어

신고번호 : 제2020-000017호
신고연월일 : 2001년 8월 1일
주소 : 경기 하남시 조정대로 150, 508호 (덕풍동, 아이테코)
전화 : (031)792-6404, 6605
팩스 : (031)790-0775
E-mail : sds1557@hanmail.net

편　　집 : 고명석
디자인 : 정인숙
표　　지 : 여혜영
교　　정 : 계영애
지　　원 : 박홍배
마케팅 : 박경인

정가 : 17,000원
ISBN : 979-11-87861-54-6 (03390)